MITエッセンシャル・ナレッジ・シリーズ

MACHINE LEARNING

THE NEW AI

ETHEM ALPAYDIN

エテム・アルペイディン

久村典子[訳]

機械学習

新たな人工知能

日本評論社

010001010111010001101000
011001010110110100100000
010000010110110001110000
011000010111100101100100
011010010110111000001101
000010100100110101100001
011000110110100001101001
011011100110010100100000
010011000110010101100001
011100100110111001101001
011011100110011100001101
000010100101010001101000
011001010010000001001110
011001010111011100100000
010000010100100100001101
00001010

Machine Learnin

MITエッセンシャル・ナレッジ・シリーズ

機械学習

新たな人工知能

エテム・アルペイディン
Ethem Alpaydin

久村典子 [訳]

はじめに

コンピューター科学には過去20年間に静かな革命が起きていた。今では、学習するコンピュータープログラム――つまり、反応を自動的に変化させて仕事の要求に合わせることができるソフトウェア――を見る機会がますます増えている。今や、学習して顔で人を認識したり、話を理解したり、車を運転したり、どっちの映画を観たらいいか勧めることができるプログラムがあり、将来はもっとできるようになるだろう。

昔は、プログラマーがアルゴリズムをプログラミング言語でコーディングして、コンピューターにやらせることを定義したものだった。今では仕事によっては、データを集めるだけでプログラムは書かない。そのデータにはやるべき仕事の実例が含まれていて、学習アルゴリズムが、そのデータに明記されている要求に合うように学習プログラムを自動的に修正する。

前世紀の半ばにコンピューターが出現して以来、人の生活はどんどんコンピューター化され、デジタル化されてきた。コンピューターは今や、昔のようなただの数値計算機ではない。データベースとデジタルメディアが、情報蓄積の主要媒体だった紙への印刷に取って代わり、コンピューターネットワークによるデジタル通信が、情報転送の主要な方法になった。最初は使いやすいグラフィカルインターフェースを持つパソコンで、次いで電話などの高性能デバイスで、コンピューターはユビキタス装置、つまりテレビや電子レンジのような家庭製品になっている。今では、数や文章だけでなく画像、動画、音声などあらゆる種類の情報がデジタル処理で記憶され、処理され、そしてオンラインで伝達されている。このデジタル処理すべてが多くのデータをもたらし、その結果「ビッグデータ」が生成されたことによって、データ解析と機械学習への関心が広まった。

視覚から発話、また翻訳からロボット工学までの多くを対象として、1950年代から何十年間も研究を続けてきたにもかかわらず、優れたアルゴリズムは考案されなかった。とはいえ、これらの仕事のどれについてもデータを集めるのは簡単だから、データから自動的にアルゴリズムを学ぶ、つまりプログラマーの代わりに学習プログラムを使うというのが今の考えの主流になっている。これが機械学習の本分であり、この20年間でデータが絶えず大きくなり続けてきただけでなく、機械学習がそのデータを処理して知識に変えるという理論も大きく進歩した。

こんにち、小売りから金融、製造に至るさまざまな業種で、システムがコンピューター化されるにつれてデータがひっきりなしに生み出され、収集されている。天文学や生物学などの科学分野でも同じことが言える。日々の生活でも、デジタル技術がどんどん日々の生活に浸透し、私たちのデジタルフットプリント［オンラインにアクセスするたびに残す痕跡］を濃くし、消費者やユーザーとしてだけでなくソーシャルメディアを通じても、生活のますます大きい部分が記録され、データになっている。寝かせておけばなんの役にも立たないビジネス、科学、または個人のデータでも、賢い人びとはそのデータを活用する新たな方法を発見して、有用な製品やサービスに転換してきた。ここにおいて、機械学習はより重要な役割を果たしている。

これらの一見、複雑で膨大なデータの背後に、わかりやすい説明があると私たちは信じている。データが大きいとはいえ、少数の隠れた要因とそれらの相互作用がある、比較的単純なモデルで説明できると。オンラインで多くの製品を買ったり日常的に近くのスーパーで買い物をしたりしている何百万人もの客のことを考えてみよう。それは膨大な売買データベースがあることを意味しているが、好都合なことに、このデータにはパターンがある。人はでたらめに買い物をするのではない。パーティを開こうとしている人と家に赤ん坊がいる人では買う物が違うから、顧客の行動を説明する隠れた因子がある。機械学習の中心にあるのは、観測データから引き出す隠れたモデル――つまり内在する因子とそれらの相互作用――からの推論なのだ。

機械学習は、単にデータから情報を引き出す方法を商業的に応用するだけのものではなく、学習は知能の必要条件でもある。知能システムは、環境に適応することができなければならず、またミスを繰り返さず成功を繰り返すことを学ばなければならない。研究者たちは以前、人工知能が現実になるためには新しい枠組、新しい考え方、新しい計算モデル、またはまったく新しいアルゴリズムが必要だと考えていた。しかし最近、さまざまな分野で機械学習がうまくいっていることを考えると、私たちに必要なのは特定の新しいアルゴリズムではなく、たくさんの実例データと、データから必要なアルゴリズムを自動的に引き出して、その多量のデータに学習方法を適用するのに十分な処理能力だ、と今なら言える。

機械翻訳や計画立案などの作業は、比較的単純だが大量の実例データで訓練された学習アルゴリズムで解決できると推測され、その考えは「ディープラーニング」の最近の成功によって裏づけられている。知能は奇抜な式からではなく、単純で簡単なアルゴリズムを忍耐強く、ほとんど力ずくで使うことから生まれるらしい。

技術が進歩してコンピューター処理が速くなりデータが増えるにつれて、学習アルゴリズムが少しだけレベルの高い知能を生み出し、その結果、少し賢い装置とソフトウェアの新しい組合せで使えるようになる。この学のある知能が、今世紀末までに人間の知能のレベルに達したとしても驚くにはあたらない。

この本を執筆中に、一流の科学雑誌『サイエンス』の２０１５年7月15日号（巻第３４９、号第６２４５）に、人工知能についての特集が掲載された。タイトルからは焦点が人工知能にあると思われたが、実際の中心テーマは機械学習だった。このことからも、機械学習が現在、人工知能研究の立役者であることがわかる。１９８０年代に論理型の、プログラムされたエキスパートシステムが期待外れに終わったあと、機械学習が人工知能の分野をよみがえらせ、かなりの成果を挙げた。

本書の目的は、機械学習とは何かを、いくつかの重要な学習アルゴリズムの基礎と、いくつかの適用例とともに全般的に伝えることにある。一般読者向けの本だから、数学やプログラミングの詳細を示さずに学習法の骨子だけを述べている。また本書は、機械学習の適用についてはあまり詳しく述べていない。基本的なことがらについては細かいことを示さずに、基本がわかる程度にいくつかの例を示した。

機械学習アルゴリズムについて詳しく知りたい読者には、本書も大いに参照している拙著『Introduction to Machine Learning, 3rd ed.』（Cambridge, MA: MIT Press, 2014）をおすすめする。

本書の構成は次のようになっている。

第1章ではコンピューター科学とその応用の進歩と、機械学習への関心を生んだ現状、つまりデジタル技術が大量の数値演算を行う大型汎用コンピューターからデスクトップパソコンへ、その後携帯用のスマートデバイスまで、どのように進歩したのか、簡単に述べる。

第2章では機械学習の基本を紹介し、それがモデルフィッティングと統計学にどのように関わるのかについて、簡単な適用例をいくつか挙げて述べる。

ほとんどの機械学習アルゴリズムに注目したうえで、第3章では、そうしたアルゴリズムがどのように顔や話し方のパターン認識に使われるのかについて述べる。

第4章では人間の脳にヒントを得た人工ニューラルネットワークについて、それがどうやって学習するのか、また「ディープ」多層ネットワークはどうやって抽象度が違う階層を学ぶことができるのかについて述べる。

別の種類の「教師なし」の機械学習は事例間のつながりを学ぶことを目的とする。第5章では、よく使われている顧客セグメンテーションとレコメンデーションについて述べる。

第6章は強化学習について、自律エージェント、たとえば自動運転車がある環境のなかで、報酬を最大にして罰を最小にする行動をとる学習をテーマとする。

最後に第7章で、今後の方向と、同じく高性能のクラウドコンピューティングを包含する新たに提唱された分野、「データサイエンス」について述べる。また、データのプライバシーやセキュリティなど、道徳・法律関連事項についても述べる。

機械学習で現在行われていることを簡単に紹介するのが本書の目的であり、将来何ができるかについて、読者に考えてもらうことが筆者の望みである。機械学習はまちがいなく、現在最もワクワクさせる科学分野のひとつで、さまざまな領域でテクノロジーを進歩させており、すでにいくつか、あらゆる層の人びとに影響を与えるすばらしい応用を生み出している。私は本書を大いに楽しんで書いた。読者も、これを楽しんで読んでほしい。

ありがたいことに、名前は挙げないが多くの人に原稿を読んでもらって建設的な意見と提案を受けた。いつもながら、ＭＩＴプレスの仕事をするのは楽しく、キャスリーン・カルーソー、キャスリーン・ヘンズレーとマリー・ラフキン・リーの多大なる協力に感謝する。

機械学習
新たな人工知能

目次

第1章

人はなぜ機械学習に関心を持つのか

デジタルの力

これまでの半世紀に人の生活に起きた最大の変化に、コンピューター処理とデジタル技術によるものがある。それ以前の何世紀もの間に人類が発明し開発した道具や装置、サービスなどは、徐々にコンピューター制御の「e」バージョンに取って代わられ、人間のほうもこの新しいデジタル環境に適応し続けてきた。

この変化はきわめて速く、昔は――ものごとが光速で起こるデジタル世界では、50年前は神話の世界だ――コンピューターは高価で、買えるのは政府や大企業、大学、研究所のような巨大組織だけだった。ただ、高額なコンピューターの購入および維持管理費を正当化しなければならないという悩みも抱えていた。コンピューターは専用の階や建物に「鎮座して」、その中には電力を大食いする巨獣が住み、大ホールの中で磁気テープがうなりをあげて動き、カードにパンチされ、数字が高速処理され、バグといえば本物の虫だった。
コンピューターが安くなるにつれて、より多くの人びとが使えるようになり、それと並行して適用分野も広がった。当初、コンピューターは計算機以外の何ものでもなく、足し算、引き算、掛け算と割り算をするだけだった。コンピューター処理技術のおもな推進力はおそらく、すべての情報を数字で表せるようになったことだろう。その結果、それまでは数の処理に使われていたコンピューターが「あらゆる」種類の情報の処理に使えるようになった。

具体的には、コンピューターはすべての数を0か1の2進数（ビット）の個別の配列で表すが、そうしたビット列は別の種類の情報も表すことができる。たとえば「10110 0」は10進数の44を表すが、コンマの記号にもなる。同じく「1000001」は65でもあり大文字の「A」でもある。[*1] コンピュータープログラムが文脈次第でビット列をどちらかに解釈する。

じつはこうしたビット列は、数と文字列だけでなく、写真の色や歌の音程など、ほかの種類の情報も意味する。コンピュータープログラムでさえ、ビットの配列なのだ。同じく重要なことに、数字以外の情報に関連する作業、たとえば画像を明るくすることや写真の中の顔をみつけることも、ビット列を操作するコマンドに変換できる。

コンピューターはデータを保存する

コンピューターの能力は、あらゆる情報をデジタル表記、つまりビット列で表すことができ、あらゆる種類の情報処理を、デジタル表記を操作するコンピューターの命令として書けることにある。

その結果のひとつが1960年代に、データベース、つまり「データ」すなわちデジタル表記で表された情報を記憶して操作することに特化した、コンピュータープログラムとして出現した。テープやディスクなどの周辺機器にビットを磁気的に記憶させるから、コンピューターのスイッチを切っても内容は消去されない。

データベースによって、コンピューターは処理装置を超え、デジタル表現を用いて情報を保存する装置になった。やがて、デジタルメディアが非常に速く、安く、信頼できるようになったため、紙への印刷に代わって人類の主要な情報記憶手段になった。

1980年代に始まったマイクロプロセッサーの発明、それと並行した小型化と価格の低下によって、パソコンがますます手に入りやすくなった。「パソコン」はコンピューターを小さな会社でも使えるようにしたが、最も重要だったのはパソコンが家電製品になるほど小型で安くなったことだった。大企業でなくても、コンピューターを有効に使えるようになった。パソコンによって、誰もがコンピューターを使う価値がある仕事を持っていることが証明され、このデジタル技術民主化時代に続いて適用される例がますます増えていった。

グラフィカルユーザーインターフェースとマウスがパソコンを使いやすくした。プログラミングができなくても、難しいコマンドを覚えなくても、コンピューターは使える。画面は仮想の作業面を表示するデジタルのシミュラークル（表象）で、ファイルやアイコンのほかゴミ箱まであって、マウスはそれらを取り出して読んだり編集したりする仮想の手の役目を果たす。

同時にパソコン用のソフトは、より多種類のデータを扱い生活の多くをデジタル化することによって、商用アプリケーションから個人用のアプリに移行した。手紙などの個人用文書を書くためにワープロがあり、家計簿用には表計算シートがあり、音楽や写真などの趣味用のソフトもある。望めばゲームをすることだってできる。コンピューターの使用は日常的にも娯楽にもなった。

心地よくて魅力的なユーザーインターフェース付きのパソコンとさまざまな日常的アプ

リケーションの組合せは、人とコンピューター、過去の生活とデジタル世界を結ぶ大きな歩み寄りだった。コンピューターが人の生活を少しよくするようにプログラムされ、人はそれに合わせて少し変わった。やがて、コンピューターを使うことは車の運転と同じ基本技能になった。

パソコンは、コンピューターを大衆が使えるようにする最初の一歩だった。パソコンによってデジタル技術が生活に占める部分が大きくなり、本書で最も重要なことだが、生活のより多くのことがデジタル的に記録されるようになった。それは、生活をデータに、つまり分析して学ぶことができるデータに変換する過程の重要な足がかりだった。

コンピューターはデータを交換する

コンピューター使用の次なる大きな進歩は接続面で生じた。コンピューターどうしをデータリンクによって接続して情報を交換することは以前から行われていたが、電話や専用回線によってパソコンどうしを、さらにセントラルサーバーに接続する商業的システムが広まり始めたのは、１９９０年代のことだった。

コンピューターネットワークは、コンピューターがもはや孤立しているのではなく、はるか遠くのコンピューターとデータを交換できることを意味している。ユーザーはもう、自分のデータを自分のコンピューターだけに保存し使うのではなく、ほかの場所でもデータを利用でき、望めば他のユーザーに自分のデータを提供することもできる。

コンピューターネットワークの発達はたちまちインターネット、つまり全世界を網羅するコンピューターネットワークにつながった。インターネットによって、コンピューターにつながっている世界の誰もが、ほかの誰にでも電子メールなどで情報を送れるようになった。そして、データと装置はすべて、すでにデジタル化されているから、共有できる情報は文字列と数だけではなく、画像、動画、音楽、発話などなんでも送ることができる。

コンピューターネットワークによって、デジタル表記された情報は誰にでも、どこにでも光速で送信できる。コンピューターはもう、単にデータが保存され処理される機械ではなく、情報を送信し共有できる手段にもなった。接続性が急速に高まり、デジタル通信が安く、速く、信頼できるようになったことにより、デジタル転送が郵送に代わって主要な情報転送技術になった。

「ネットワークに接続されていれば」、誰でも自分のコンピューター上のデータをネットワークで誰にでも送れるようになり、そうしてワールドワイドウェブ（ＷＷＷ）が生まれた。人びとはウェブ「サーフィン」をして共有された情報を閲覧することができる。するとたちまち、機密情報を送るための保護プロトコルが実行され、それによってオンラインショッピングやインターネットバンキングなどウェブ上の商取引が可能になった。そしてオンライン接続がさらにデジタル技術を浸透させた。サービスプロバイダーの「ＷＷＷ」ポータルを使ってオンラインサービスを利用すると、私たちのコンピューターが商店、銀行、図書館、大学などのデジタル版に変化して、さらなるデータを生み出した。

モバイルコンピューティング

コンピューターは10年ごとに小さくなり、電池の性能が向上するのにつれて１９９０年代なかばには電池で使える携帯用のノートパソコンが普及し始めた。それが「モバイルコンピューティング」新時代の始まりだった。同じ頃に携帯電話も一般的になって、２００５年頃にこれらふたつのテクノロジーが融合してスマートフォンになった。「スマートフォン」とは、コンピューターでもある電話機のことである。その後、スマートフォンがもっとスマート（利口）になった――電話機よりコンピューターの度合いが強くなった――結果、今では電話はスマートフォンの多数のアプリのひとつにすぎず、しかも滅多に使われないひとつになっている。従来の電話機は音の装置だった。人は電話機に話しかけて、電話の向こうの人物が話す声を聞いた。今のスマートフォンは、多分に視覚装置になっている。大きい画面があって、人は話すより画面を見たりタッチセンサー画面をタップしたりしている時間のほうが長い。

スマートフォンは常にオンライン状態になっているコンピューターで、使用者は持ち運びしながらインターネットであらゆる種類の情報にアクセスできる。[*2] そのため、（たとえば旅行中でも）別のコンピューターのデータにアクセスできることから接続性を拡大し、さらには自分のデータを他者に使いやすくすることもできる。

スマートフォンを特別なものにしているのは、携帯できる感知装置だということで、人が常に身につけているために使用者についての情報、とくに位置情報を絶えず記録し、そのデータを利用させることができる。スマートフォンは、人を検知可能に、追跡可能に、また記録可能にするモバイルセンサーなのだ。

この、携帯できるコンピューターという性質は新しい。昔、コンピューターは大きくて「コンピューターセンター」に固定されており、こちらから歩いていく必要があった。コンピューターを使うには端末の前に座った。「端末」と言ったのは、そこがコンピューターの終点だったから。それから、小さめのコンピューターが各部署にやってきて、その後、もっと小さいコンピューターが、オフィスや家の机の上に鎮座した。さらにその後、もっと小さいのが膝の上に来て、今ではコンピューターはポケットに入っていつでもそばにいる。

昔はコンピューターの数がとても少なく、おそらく何千人かに1台、たとえば会社かキャンパスに1台の割合だった。この、人対コンピューター比は急速に大きくなって、パソコンはひとりに1台を目指した。現在は、ひとりが何台も持っている。今では私たちの装置のすべてがコンピューターであったり、コンピューターを内蔵したりしている。電話もテレビもコンピューターであり、車には機能の違うコンピューターが多数内蔵されており、音楽プレーヤーは特殊化したコンピューターであって、カメラや腕時計も同じだ。「高性能デバイス」とは、もともと行われていたことをなんでもデジタル式でやるコンピューターのことをいう。

「ユビキタスコンピューティング」とは、ますます一般的になっている言葉で、知らないうちにコンピューターを使うことを意味する。つまり、多くのコンピューターがあらゆる目的のために常に使われているが、それをはっきりコンピューターと呼ばない状況を指す。デジタル式には通常、スピード、正確さ、適応しやすさの面で利点がある。そして、もうひとつの利点が、装置のデジタル版ではすべてのデータがデジタル化されているという点にある。そのうえ、コンピューターがオンラインになっていれば、別のオンラインコンピューターと通信して、ほぼ瞬時にデータを入手することができる。それを「スマートオブジェクト」または単に「モノ」と呼ぶ。つまり「モノのインターネット（ＩｏＴ）」である。

ソーシャルデータ

数千年前は、神か女神でもないかぎり絵や彫刻に描かれたり語り継がれたりすることはなかった。千年前には王や女王、数世紀前には豪商やその家族に限られていた。それが今では誰でも、それどころかスープ缶でさえ、絵に描かれることができる。同じような民主化が、コンピューター処理とデータにも起きている。昔はコンピューターに値する仕事を持っていたのは巨大な組織や企業だけだったので、そういう組織だけがデータを持っていた。ところがパソコンの出現によって、人、さらにはモノまでがデータを生み出すようになった。

最近のデータ生成源は「ソーシャルメディア」で、そこでは社会的交流がデジタル化されている。それが現在、収集し保存し分析できる、もうひとつの種類のデータになっている。ソーシャルメディアが集会場、広場、市場、喫茶店、パブなどでの話し合いや井戸端会議の代わりになっている。

ソーシャルメディアによって、人それぞれが追いかける価値がある著名人になり、自分自身のパパラッチになっている。人はもう、15分間だけ有名になる時間を与えられているのではなく、オンラインのときはいつでも有名だ。ソーシャルメディアによって、人はデジタル自叙伝を生きながら書くことができる。昔は、本と新聞は高価で数も少なかったから、生涯のあれこれを語られるのは重要な人物だけだった。今ではデータが安いから、誰もが小さなオンライン領土の王や女王だ。今、機械好きの両親のもとに生まれた赤ん坊は、ホメロスがオデッセウスの冒険全編を語った内容より多くのデータを生後1カ月で生み出すことができる。

データがいっぱい——Dataquake

コンピューター制御の機械とサービスのすべてが生み出すデータはかつて、デジタル技術の副産物であり、コンピューター科学者は大量のデータを効率よく保存し操作するために、データベースをさんざん研究した。人は必要があってデータを保存した。過去20年間のあるとき、このデータすべてが資源になり、ありがたいことに今ではもっと多くのデータが得られる。

たとえば、何千点もの商品を何百万人もの客に毎日、国中に多数ある従来型の店舗かウェブ上の仮想店舗で売っているスーパーマーケットチェーンを考えてみよう。店頭端末はデジタル化されていて、それぞれの売買の詳細――顧客識別情報（ポイントカードなどで把握する）、買った商品と値段、支払総額など――を記録する。店はオンラインでつながっていて、全店舗の全端末のデータが中央データベースに瞬時に集まる。これが、日々の膨大な（最新の）データになる。

過去20年ほどの間に、これらのデータで何ができるかを人びとが次第に自問し始めた。そしてこの疑問によって、コンピューター処理の方向全体が逆になる。以前は、データはプログラムが処理して吐き出したものだった。つまり、受動的なデータだった。前記の疑問によって、データが動作し始める。次に何をするかを決めるのは、もうプログラマーではなくデータ自体だ。

スーパーマーケットチェーンが常に知りたがっているのは、どの客がどの製品を買いそうかということだ。それがわかれば、店は効率よく品を揃えることができ、その結果売上と利益が増える。客のほうも、需要に最適な製品を速く、安くみつけることができて顧客満足度も高まる。

データが動作し始める。
次に何をするかを決めるのは、
もうプログラマーではなく
データ自体だ。

この作業は目に見えるものではない。どの人がこの味のアイスクリームを買いそうか、この著者の次の本を買いそうか、この新作映画を観そうか、またはこの都市を訪れそうか、正確にはわからない。顧客の行動は時間によっても居場所によっても変わる。

だが望みはある。というのは、顧客の行動は完全にでたらめではないことがわかっているからだ。人はテキトーにスーパーに行ってテキトーに物を買うのではない。ビールを買えば、チップ類を買う。夏にはアイスクリームを買って冬にはホットワイン用の香辛料を買う。顧客の行動には一定のパターンがあって、そこがデータの出番になる。

顧客の行動のパターンそのものはわからないが、収集されたデータから見えてくるだろう。過去のデータにそれらしいパターンがみつかれば、将来、少なくとも近い将来はデータを集めた過去とあまり違わないものとみなして、そのパターンが持続するものと予想し、それに基づいて予測することができる。

そのプロセスを完全には特定できないかもしれないが、「良好で役に立つ見積もり」は構築できると考えられる。その見積もりがすべてを説明するわけではないとしても、データの一部は説明できるかもしれない。完全なプロセスを特定することは不可能かもしれないが、なんらかのパターンは発見できると考えられる。そのパターンを使って予測できるから、プロセスを知るのにも役立つかもしれない。

これを「データマイニング」という。大量の土と原料を鉱山から採掘して加工すると、少量の貴重な材料がとれるのに似ている。データマイニングでも同じように、大量のデータを処理して、予測精度が高くて有益な、単純なモデルを構築するわけだ。

データマイニングは一種の機械学習である。顧客の行動の法則を私たちは知らないからプログラムを書くことはできないが、機械、つまりコンピューターが顧客取引データから法則を抽出して「自ら学ぶ」。

法則はわからないながら多くのデータが手に入るアプリケーションが多数存在する。仕事でコンピューターとデジタル技術を使うということは、あらゆる種類の領域に大量のデータがあることを意味する。日常の社会生活でもコンピューターやスマート機器を使うから、その方面のデータもある。

たとえばカメラで撮った画像を認識したりマイクで拾った話を認識したりするパターン認識では、学習モデルを使う。今では、スマホを使った人間活動の認識から車の運転支援システムまで、さまざまなアプリケーションに使うさまざまなセンサーがある。

データのもうひとつの発生源として、科学がある。より良いセンサーをつくるにつれて、みつかるものも多くなる。つまり、天文学、生物学、物理学などのデータが増え、学習アルゴリズムを使って解明するデータがどんどん大きくなる。インターネット自体はひとつの巨大なデータ集積所であって、私たちが探しているものをみつけるには賢いアルゴリズムが要る。私たちが現在持っているデータの重要な特徴のひとつは、それがさまざまな様式のマルチメディアだということだ。文章もあれば画像や動画、音声ファイルなどとさまざまで、どれも何らかの形で関心の対象である同じものや出来事に関わっており、現在の機械学習の主要な課題は、そうしたさまざまな発信源から来る情報を結びつけることにある。たとえば消費者データの解析では、過去の取引に加えてウェブログ、つまり利用者が最近訪れたウェブページがあって、そのログが大いに役立つ情報源になる。

日常生活で継続的に多くのスマート機器に助けられているうちに、誰もがデータの発生源になった。製品を買うたびに、映画のＤＶＤを借りたりウェブページを見たりブログを書いたりソーシャルメディアに投稿したりするたびに、あるいはただ散歩したりドライブしたりするだけでも、データを生み出している。そしてそのデータは、それを収集して解析したい人にとっては貴重なものだ。顧客は常に正しいだけでなく、興味深く追跡するに足る存在なのだ。

人それぞれが、データの発生源でもあり消費者でもある。人は自分専用の製品とサービスを望む。人は自分の需要が理解され関心が予測されるのを望む。

学習対プログラミング

コンピューターで問題を解くには、アルゴリズムが必要だ。[*3]「アルゴリズム」とは、入力を出力に変換する一連の指示をいう。たとえば、ソーティング（並べ替え）用のアルゴリズムがある。入力は一連の数であり、出力はそれを順番に並べたものになる。同じ作業用にさまざまなアルゴリズムがありうるが、必要なのは最も効率のいいもの、つまり指示、メモリ、またはその両方がいちばん少なくてすむものだろう。

しかし問題によってはアルゴリズムがないものがある。ひとつは顧客の行動を予測すること、もうひとつは迷惑メールと正当なメールを区別することである。入力が何かはわかる。最も単純な場合はテキストのメッセージである電子メールだろう。そして出力は、そのメッセージがスパムかどうかを示すイエス・ノーになるはずだ。だが、どうやってその入力を出力に変換するのかがわからない。スパムと思われるものは時間とともに変わるし人によっても違う。

知らないことは、データで補う。何千ものメッセージを集めることはわけなくできるし、その一部がスパムでほかはそうではないことはわかる。そこで、どんなものがスパムかをこのサンプルから「学習」すればいい。つまり、この作業のアルゴリズムをコンピューター（機械）が自動的に引き出せばいいのだ。数をソートする方法を学ぶ必要はないが（そのためのアルゴリズムはすでにある）、アルゴリズムを持っていないアプリケーションがたくさんある。そしてデータはふんだんにある。

人工知能

機械学習は単にデータベースやプログラミングの問題ではなく、人工知能も必要とする。変化する環境にあるシステムには学習する能力がなければならない。そうでないと、インテリジェント［知能がある］とは言いがたい。システムが変化を学んでそれに適応できるのなら、システム設計者は起こりうるすべての状況を予測して解決策を与える必要はない。

人間にとってシステム設計支援ツールは進化であり、人間の体形も生来の直感と反射作用も何百万年という間に進化してきた。また人は、一生のうちに行動様式を変えることを覚える。そうすることで、進化では予測できない環境の変化に対応することができる。はっきり決まっている環境に短期間存在する生命体の行動様式はすべて出来合いのものかもしれないが、人生で遭遇するかもしれない状況に適するあらゆる種類の行動様式を備えつけておくのではなく、経験によって自分たちを変え、さまざまな環境に適応できるようにする大きな脳とメカニズムを進化によって獲得した。人類が、気候も諸条件も著しく異なる地球の各地で生き延び、繁栄してきたのはそのためである。ある状況で知識を脳に蓄える最良の方法を人が学び、その状況が再現する、つまりその状況を認識すると、人は適切な方法を思い出してそれに沿った行動をする。

動物はすべて、データサイエンティストなのだ。センサーからデータを集め、次にそのデータを処理して環境を知り、その環境の中で苦痛を最小にしたり快楽を最大にしたりするように行動をコントロールする抽象的ルールを手に入れる。そうしたルールを保存する記憶装置が脳内にあって、必要に応じて呼び戻して使う。学習は一生続くもので、当てはまらなくなったルールを忘れたり、環境の変化に応じてルールを改定したりする。

しかし学習には限界がある。限られた脳の力では決して学べないこともあるだろう。たとえば、3本目の腕を生やすとか頭の後ろに目を付けるような、遺伝子構造の改変が必要なことは、とても「学習」できない。大まかに言って、遺伝は何千世代にもわたって機能するハードウェアを規定するのに対して、学習は個人の一生の間、そのハードウェアで動作するソフトウェアを規定し、また制約される。

人工知能は、脳からインスピレーションを得る。脳の働きを知ることを目的とする認知科学者や神経科学者がいて、その目的のためにニューラルネットワークのモデルをつくってシミュレーション研究をする。だが人工知能はコンピューター科学の一部であって、その目的は工学の諸分野の場合のように役に立つシステムをつくることにある。そういうわけで脳からインスピレーションは得ても、結局は開発するアルゴリズムの生物学的妥当性は、あまり気にしない。

私たちが脳に興味を持つのは、良いコンピューターシステムをつくるのに脳が役立つのではないかと思うからだ。脳は驚くべき能力を持つ情報処理装置で、たとえば視覚、音声認識、学習など多くの領域で、現在の工業製品を上回っている。その能力を機械に導入できれば、その経済効果は明らかだ。脳がどのようにしてそれらの機能を果たすのかがわかれば、それらの仕事をさせるための正式なアルゴリズムを決定してコンピューターに実行させることができる。

コンピューターはかつて「電子頭脳」と呼ばれていたが、コンピューターと脳は違う。コンピューターが一般にひとつないし数個のプロセッサーを持っているのに対して、脳は非常に多くの処理装置、つまりニューロンでできていて、それらが並行して作動する。詳細は完全にはわかっていないものの、脳の処理装置はコンピューターの代表的なプロセッサーよりずっと単純で動作が遅いと考えられている。脳がコンピューターと違うもうひとつの点として接続性が大きいことがあって、それが処理能力の源だと考えられている。脳のニューロンにはシナプスという接合部位があって何万もの別のニューロンとつながり、それらがすべて並行して作動する。コンピューターでは能動的なプロセッサーと受動的なメモリは別個に存在するが、脳では処理装置と記憶装置がいっしょにネットワーク上に分布して、データ処理はニューロンが行い、記憶装置はニューロン間のシナプスにあると考えられている。

脳を知る

マール*4によれば、情報処理システムの理解は次の3レベルの分析で行われる。

1　「計算理論」はコンピューター処理の目標とタスク［コンピューターで処理される作業の最小単位］の抽象的定義に相当する。
2　「表現とアルゴリズム」は入力と出力をどのように表すか、また入力から出力に変換するアルゴリズムの詳細をいう。
3　「ハードウェア実装」はシステムを実際に実行すること。

これらの分析レベルの基本的な考えは、同じ計算理論にも多くの表現と、その表現の記号を扱うアルゴリズムがありうるということである。同じように、ある表現とアルゴリズムには多くのハードウェア実装がありうる。ひとつの理論にさまざまなアルゴリズムのひとつを使うことができ、同じアルゴリズムにさまざまなハードウェア実装がありうる。

例を挙げよう。「ロク」という数にはアラビア数字の「6」、ローマ数字の「VI」、2進表記法の「110」と3種類の表し方がある。使う表記法によって加法のアルゴリズムも異なる。デジタルコンピューターは2進表記法を使い、この表記法での加法回路があって、それが特定のハードウェア実装である。数の表記は違っていて、加法は算盤上の別の命令集合に相当し、別のハードウェア実装である。ふたつの数の足し算を「暗算」で行うとき、人は別の表記と、その表記に適したアルゴリズムを用いるが、それを実行するのはニューロンである。だが、これら別べつのハードウェア実装、つまり人、算盤、デジタルコンピューターはみな、同じ計算理論すなわち加法を行っている。

典型的な例として、天然と人工の飛行物体の違いがある。スズメが羽ばたくのに対して飛行機は羽ばたかずにジェットエンジンを使う。スズメと飛行機は別べつの目的のためのふたつのハードウェア実装で、別べつの制約を解消する。しかしどちらも、航空力学という同じ理論を実践する。

こう見ると、脳は学習のためのひとつのハードウェア実装だと言える。この実装からリバースエンジニアリングによって、使用した表記とアルゴリズムを引き出すことができれば、また、そこから計算理論がわかれば、別の表記とアルゴリズムを使うことができ、それによって使える手段と制約にもっと適したハードウェア実装を使うことができる。もっと安くて速くて正確にしたいと人は思う。

空を飛ぶ機械をつくろうとした人間は当初、まるで鳥になろうとしているようだった。それが、航空力学理論が発見されるまで続いた。ちょうど同じように、脳の能力を持つシステムをつくる最初の試みは、多数の処理装置のネットワークを持つ脳のようになると予想される。事実、第4章では相互に接続された処理装置からなる人工のニューラルネットワークと、それがどうやって学習するのかについて論じる。つまり、表記とアルゴリズムのレベルである。そのうち、知能の計算理論を発見したら、ちょうど飛行のための羽がそうであると知ったように、ニューロンとシナプスが実行の道具であることがわかるかもしれない。

パターン認識

コンピューター科学には、手動で決めたルールとアルゴリズムでプログラムされた「エキスパートシステム」を考案しようとしてきた多くの作業があった。しかし何十年間かの努力の末に得られたのは、ごくわずかな成果だった。そうした作業には、知能を必要とすると考えられる点で人工知能に関連するものもある。現在のアプローチで最近、驚異的な進歩が達成されているが、そこではデータを使った機械学習が用いられている。

顔認識の例を考えてみよう。これは人間にとってはやすやすとできる作業で、人は毎日、顔や写真を見て、たとえポーズや照明、髪型などが違っても家族や友人を認識している。顔認識が重要なのは、友人と敵を見分ける必要があるからだ。生き延びるために顔認識が重要だったのは、人の識別のためだけでなく、顔が人の内部状態の表示盤だからでもあった。喜怒哀楽や驚き、恥などの感情が顔から読みとれる。他人の感情を見抜くのとともに感情を表す点でも、人間は進化してきた。

顔認識をたやすくできると言っても無意識にやっているので、その方法を説明することはできない。この芸当を説明できないから、それに相当するコンピュータープログラムを書くことができない。

学習プログラムはある人物のさまざまな顔画像を分析することによって、その人物特有のパターンを把握したうえで、ある画像のなかでそのパターンをチェックする。これが、「パターン認識」の一例である。

人がこれをできるのは、顔画像はほかの自然画像と同じように、単にピクセルをランダムに集めたものではないことを知っているからだ（ランダムな画像はテレビの砂嵐のようになる）。顔には一定の構造がある。左右対称であり、目、鼻、口が顔の一定の場所にある。各人の顔が、それらを組み合わせたパターンになっている。照明やポーズが変わったり、髪を伸ばしたり眼鏡をかけたり、歳をとったりすると顔画像の一部は変わるが、変わらない部分もある。これは、定期的に買う品物もあれば衝動買いもある点で、顧客の行動に似ている。学習アルゴリズムは特定の人物の画像をたくさん見ることによって、変わらない「識別できる」特徴と、それらがどのように結びついてその人物の顔を特徴づけるかを知る。

学習について語るときに語ること

機械学習の目的は、与えられたデータに適合するプログラムを組み立てることにある。学習プログラムはふつうのコンピュータープログラムと違って「変更可能なパラメーター」を持つ一般的テンプレートであり、それらのパラメーターにさまざまな値を割り当てることによって、プログラムはいろいろなことができる。学習アルゴリズムはデータに基づいて決定される「パフォーマンス基準を最適化する」ことによってテンプレートの「パラメーター」を調節する」(これをモデルという)。

たとえば顔認識の場合、ある人物の一連の練習用画像について最高の予測精度が得られるようにパラメーターを調節する。この学習は反復され少しずつ進歩する。つまり、学習プログラムが多数の実例画像を次つぎに見て、それぞれの画像ごとにパラメーターを少しだけ修正し、そのうちに徐々に成績が向上するようにする。結局、これが学習の本質であって、テニスであれ幾何学であれ外国語であれ、学ぶにしたがって上手になるということだ。

第2章では、テンプレートとはどういうものかについて詳しく述べ(作業の種類によってさまざまなテンプレートがある)、また最高の成績を得るためにパラメーターを調節する、いろいろな学習アルゴリズムについて述べる。

学習者モデルをつくるにあたって、考慮すべき重要事項がいくつかある。

第1に、データがたくさんあるからといって、学習できる基本的法則があるわけではないことを心に留めておかなければならない。根本的なプロセスに依存すること、また収集されたデータに許容できる精度で学ぶべき十分な情報があることを確かめる必要がある。人の氏名と電話番号が記載された電話帳があるとしよう。氏名と電話番号の間に一般的な関係があって、電話帳で練習しても(それがどれほど分厚くても)、新しい氏名を見たときに対応する電話番号を予想できるなどということはありえない。

第2に、一般に大量のデータを使って、コンピューター処理とメモリを効果的に使ってできるだけ速く学習したいから、学習アルゴリズム自体が優れていなければならない。多くの使用例で、時間がたつにつれて問題の基本的性質が変わる可能性がある。そういう場合、以前に集めたデータは古くなって、トレーニング済みモデルを継続的かつ効果的に新しいデータに更新する必要が生じる。

第3に、学習者モデルが構築されて予想のためにそれを使い始めたら、そのモデルはメモリとコンピューター処理においても優秀でなければならない。使用例によっては、最終的なモデルの性能が予測精度と同じくらい重要な場合がある。

歴史を振り返る

科学のほとんどすべてが、データにモデルを合わせることである。ガリレオ、ニュートン、メンデルなどの科学者は実験を設計し、観察し、データを集めた。それから理論を考案する、つまり観察したデータを説明するモデルを構築して知識を引き出そうとした。[*5] 次にその理論を使って予測し、それがうまくいかなかったら、さらにデータを集めて理論を修正した。十分な説得力があるモデルが得られるまで、このデータ収集と理論・モデル構築のプロセスを続けた。

今では、この種のデータ解析はもう手動ではできない。なにしろ、その種の分析ができる人がほとんどいないうえに、データ量が膨大で手作業の分析は不可能になっている。そういうわけで、データを解析してそこから自動的に情報を引き出すことができる、つまり学習できるコンピュータープログラムへの関心が高まる。

いま述べている方法の起源はさまざまな科学分野にある。ときに、同じ、またはよく似たアルゴリズムが異なる分野で、異なる歴史の道筋を通って別べつに発明されるのは珍しいことではなかった。

機械学習の下敷きになっている主要な理論は統計学で生まれた。そこでは特定の観察結果から一般的説明を導くことを「推論」といい、学習することを「推定」という。分類は、統計学では「判別分析」という。統計学者は小さいサンプルを使い、数学者だけあって、たいてい数学的に解析できる単純なモデルに取り組んだ。工学では分類はパターン認識と呼ばれ、アプローチは多分に実験的になる。

人工知能研究の一部であるコンピューター科学では、研究は学習アルゴリズムを使って行われ、それと並行するがほとんど独立した研究分野が「データベースからの知識発見」と呼ばれた。電気工学では、信号処理の研究から適応型画像処理と音声認識プログラムが生まれた。

1980年代なかばに、さまざまな学問分野で人工ニューラルネットワークモデルへの関心が爆発的に発生した。その学問分野とは、コンピューター科学、電気工学、適応制御はもちろん、物理学、統計学、心理学、認知科学、神経科学、言語学などであった。人工ニューラルネットワークの研究が最も重要な貢献をしたのはおそらく、さまざまな学問分野、とくに統計学とコンピューター科学に橋を架けた、この相乗作用だろう。のちに機械学習につながったニューラルネットワークの研究が1980年代に始まったのは、偶然ではない。当時、ＶＬＳＩ（超大規模集積回路）技術の進歩によって、数千のプロセッサーを持つ並列処理のハードウェアがつくれるようになった。すべて並行して作動する多数の処理装置にコンピューター処理を分配する理論の候補として、人工ニューラルネットワークに関心が向いたのである。そのうえ、人工ニューラルネットワークは学習できるため、プログラミングの必要がなかった。

これら異なる世界の研究は、過去には異なる道を進み、力を入れる部分も違っていた。本書の目的は、それらを一緒にしてこの分野と興味深い応用例のいくつかを、まとめて紹介することにある。

第2章 機械学習、統計学とデータ解析

中古車の値段を見積もる学習

前章で、対象の観察結果の間に関係があると思われるが、どのような関係かはっきりしないときに機械学習を使うと述べた。関係がどんなものかはっきりわからないのだから、先へ進んでコンピュータープログラムを書くことはできない。そこで、観察結果の実例のデータを集めて解析し、関係をみつけることになる。ここでさらに、関係とは何を意味するのか、またそれをどうやってデータから引き出すのかを考えてみよう。例によって、実例を使って具体的に説明することにする。

中古車の値段を見積もる場合を考える。これは機械学習適用の好例になる。というのは、そのための厳密な式を私たちは知らないし、同時に、なんらかの法則がなければならない

ことはわかっているからだ。中古車の値段は車種などの属性や走行距離などの使用状況に左右されるばかりか、そのときの経済状況など車に直接関係ない事柄にまで左右される。

これらを因子として特定することはできるのだが、それらが値段にどう影響するのかは決められない。たとえば、走行距離が増えるにつれて値段は下がるものの、低下の速さはわからない。また、これらの因子の組合せで値段がどう変わるのかわからないから、それを知りたい。その目的に向かって、現在市場にある何台かの車のデータセットを集め、それらの属性と売値を記録したうえで、車の属性と値段の関係の詳細を知ろうとする（図2・1参照）。

それをするにあたって最初の問題は、「入力決定」、つまり中古車の値段に影響すると思われる属性として何を使うかを決めることである。すぐに頭に浮かぶのが、車のメーカーと型式、製造年と走行距離だ。ほかのも思いつくが、いま挙げた属性が覚えやすいだろう。

常に心得ておくべき重要な事実として、それらの属性がまったく同じである2台の車が違う値段で売られることがある。その理由は、アクセサリーなど別の因子にある。また、たとえば車が過去に走ったあらゆる条件やメンテナンスの良し悪しなど、直接見られないため入力に含められない因子もありうる。

重要なのは、どれだけ多くの属性を入力しても出力に影響する別の因子はいつでもあり、

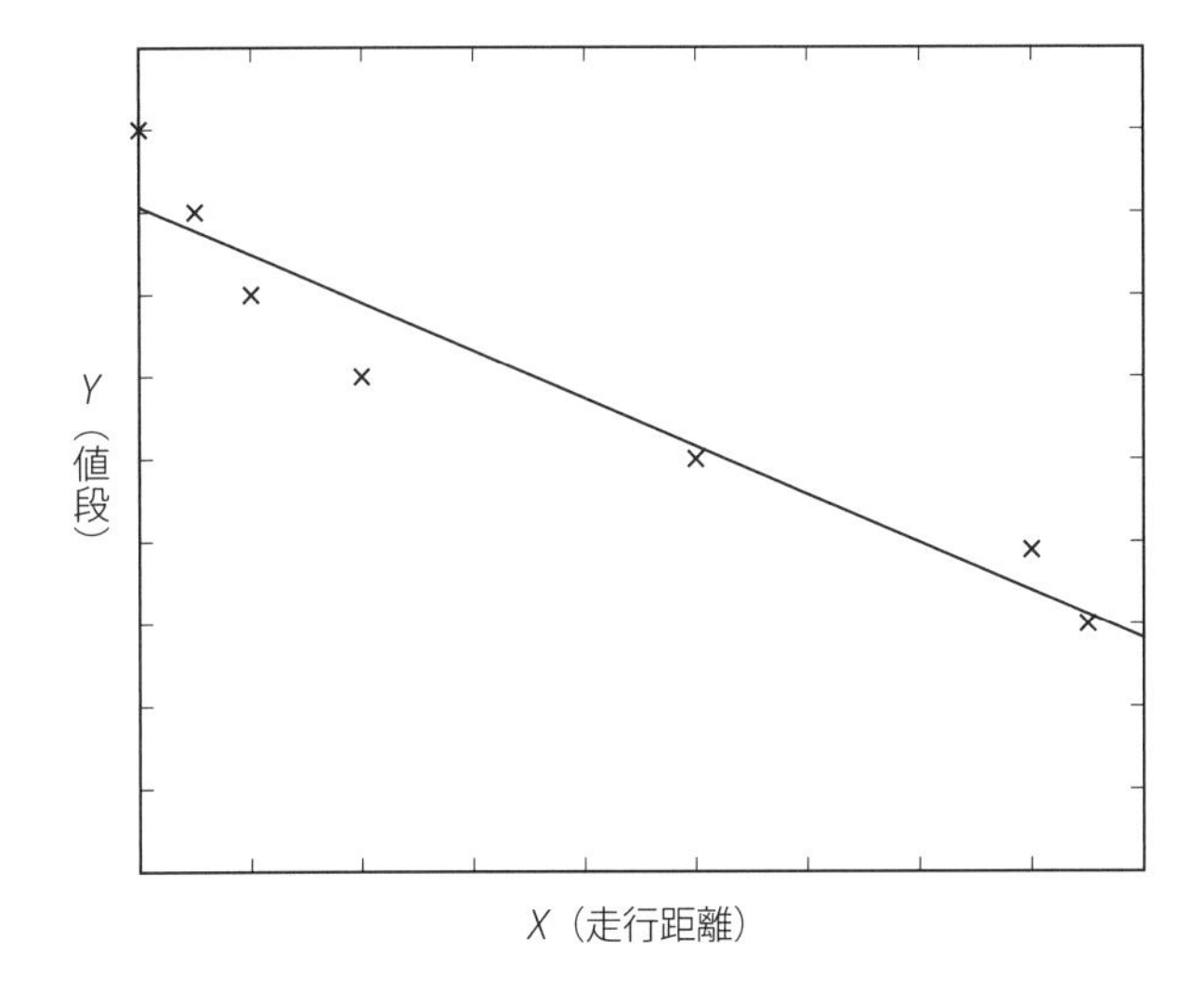

図2.1 中古車の値段を見積もる。×印がそれぞれの車で、横のX軸が走行距離を、縦のY軸が値段を表す。これを練習用セットとする。中古車の値段を見積もるには、これらのデータ点に当てはまる（できるだけ近くを通る）モデルを知りたいため、回帰直線を示してある。このモデルができれば、それを使って走行距離がわかっている車の値段を見積もることができる。

それらの全部を入力することはおそらくできないだろうが、無視した因子のすべてが不確実性をもたらすということだ。

　この不確実性の影響で正確な値段を予想することはできないが、未知の値段がそのどこかにありそうな「区間」を予想することはできる。そしてその区間の長さは不確実性の多寡、つまり入力しない、またはできない因子によって値段がどの程度変わるかによって決まる。

ランダム性と確率

　数学と工学では、「確率論」を使って不確実性のモデルをつくる。確定系では、入力が与えられれば出力は常に同じになる。だがランダム過程では、出力はランダム性をもたらす制御できない因子によっても左右される。

　コイン投げの場合を考えてみよう。もしもコインの正確な組成と最初の位置、コインが投げられたときの力の大きさ、位置、方向、コインが止まったときの場所と状態などを知ることができれば、結果を正しく予測することができると言える。しかし、この情報のすべてが隠されているため、コイン投げの結果の確率を語ることしかできない。結果が表になるか裏になるかはわからないが、それぞれの結果の確率、つまりその結果がどの程度出そうかということについては、なにがしか語ることができる。たとえば、コインに「偏りがなければ」、表の確率と裏の確率は同じになる。つまり何度も投げれば、表と裏がほぼ同じ回数だけ出ると考えられる。

その確率がわからなくて「推定」したければ、「統計学」の領分になる。一般的用語に従って、それぞれのデータの実現値を「実例」と呼び、「標本」という用語はその実例の「集合」に使うことにする。目的は、標本を使って推定したい値を計算する「モデル」を構築することにある。コイン投げの場合は、コインを何度も投げて結果（表か裏か）を記録することによって標本を集める。すると、表の確率の推定量は単純に、標本における表の比率になる。つまり、コインを6回投げて表が4回出たら、表の確率は3分の2と推定できる（したがって裏の確率は3分の1）。それで、次に投げたときの結果を当てよと言われたら、表と答えることになる。なぜなら、そのほうが確率が高いからだ。

この種の不確実性が賭博の根底にあり、そのために一部の人がギャンブルに興奮する。だがほとんどの人は不確実性を好まず、必要とあれば多少の代償を払ってでも、人生で不確実性を避けようとする。たとえば、掛金が高くても保険に入る。少額の保険料を払ってでも、（価値の高いものを偶発的に失うことで）多額の金銭を決してなくさないという確実性を選ぶからだ。たとえ偶発的損失の可能性が非常に低いとしてもだ。

中古車の値段についても、車の値段の低下をランダム過程にする制御できない因子がある点で、同じことがいえる。製造ラインで前後してできた2台の車は、その時点ではまったく同じだから、価値もまったく等しい。だが、ひとたび売られて使われ始めると、あらゆる因子の影響を受ける。一方の所有者がていねいに使うかもしれないし、一方の車が良好な気候条件で使われるかもしれないし、事故に遭うかもしれない。そうした因子のそれぞれが、ランダムなコイン投げのように値段を変える。

顧客の行動についても同じようなことが言える。顧客は一般に、買い物をするときに家族構成、家族の好み、収入などの因子に応じて一定のパターンに従うと予想される。とはいえ、そのほかに休暇、天候の変化、魅力的な宣伝など、変化をもたらすランダム因子が常にある。このランダム性の結果として、次にどの商品が買われるか正確に予測することはできないが、ある商品が買われる確率を計算することはできる。だから予測したい場合は、確率が最も高い商品を選べばいい。

一般的モデルを知る

データを集めるときはいつでも、一般的な傾向を知る方向で集める必要がある。たとえば車の場合、入力項目としてブランドを使うと、きわめて具体的な車を特定することになる。しかし、シート数、エンジン出力、トランクの容積などの一般的属性を使うと、より一般的な推定量を知ることができる。というのは、車のさまざまなモデルとメーカーがすべて同じタイプの顧客つまり顧客層にとって魅力があるからで、値段が下がるのも同じ種類の車だと予想される。ブランドを無視してタイプを特定する基本属性に集中することは、同じタイプの車すべてに同じデータ実現値を使うのと同じことで、データの量が効果的に増える。

出力についても同じようなことが言える。現在の値段そのものを見積もるより、元値に対するパーセンテージ、つまり下落の影響を見積もるほうが理にかなっている。これによっても、より一般的なモデルを知ることができる。

一般的なモデルを知ることはもちろん良いことだが、一般的すぎるモデルを知ろうとすべきではない。たとえば、乗用車とトラックは特徴が大違いだから、両方を一緒くたにした単一モデルを知ろうとしないで、データを別べつに集めて別べつのモデルをつくったほうがいい。

もうひとつ重要なのは、基本的な作業が時がたてば変わる可能性があるということだ。たとえば、車の値段は車そのものの属性や過去の使用状況、所有者の属性だけでなく経済状況、つまりほかの物の物価にも左右される。すべての売買の環境である経済が大きく変われば、過去の傾向は当てはまらなくなる。統計的に言えば、データの根底にあるランダム過程の性質が変われば、投げるコイン一式を新たに渡されるということだ。この場合、過去に学んだモデルはもう使えず、新たなデータを集めて再び学習しなければならない。あるいは、自分たちの実績についてのフィードバックを得るメカニズムによって、モデルを微調整しながら使い続ける必要がある。

モデル選択

学習で最も重要なものに、入力と出力の関係のテンプレートを決める「モデル」がある。たとえば、出力を属性の加重合計として書けると考えた場合、「線形モデル」を使うことができ、その場合、属性が相加効果を持つ。たとえばシートがひとつ増えるごとに車の値段がXドル高くなり、走行距離が千マイル増えるごとにYドル安くなる、というような具合だ。

それぞれの属性の重み（右の例でXとY）は標本から計算できる。重みは、プラスにもマイナスにもなりうる。つまり、対応する属性が値段を上げることも下げることもある。重みがゼロにきわめて近いと見積もられるときは、それに対応する属性は重要ではないと結論づけて、モデルから除外することができる。こうした重みはモデルの「パラメーター」で、データを使って微調整される。モデルは常に調整される、調整可能なパラメーターの集まりであって、そのデータによりよく適合するように調整する過程を学習という。

線形モデルは単純なため、よく使われる。というのも、パラメーターが少なくて加重合計を計算しやすい。また、わかりやすくて解釈もしやすい。そのうえ、多くの作業で驚くほどうまくいく。

パラメーターをどのように変えても、それぞれのモデルは1組の問題の学習にしか使えず、「モデル選択」でモデルを選ぶことになる。正しいモデルを選ぶのは、モデル決定後のパラメーターの最適化より難しい作業で、用途についての情報が役に立つ。

たとえば車の値段を見積もるには線形モデルが使えない場合がある。年数の影響は算術的でなく幾何学的であることが経験によってわかっている。1年増えるごとに車の値段が同じ金額だけ下がるわけではないが、一般的には毎年15パーセント値下がりする。[*1] 以後の章で、非線形モデルを使う機械学習のアルゴリズムについて述べる。こちらのほうがより多種類の用途に使える点で、より強力である。

教師つき学習

一連の入力値から出力値を予測する作業を、統計学では「回帰」という。線形モデルでは、それが線形回帰になる。機械学習では回帰は一種の「教師つき学習」で、そこには入力した車ごとの望ましい出力、つまり値段を与えてくれる教師がいる。現在、市場で売られている車のデータを集めると、車の属性と値段の両方を見ることができる。

重みパラメーターを持つ線形モデルだけが可能なモデルではない。それぞれのモデルが入力と出力の間の、ある種の依存関係の仮定に対応する。学習とは、モデルがデータについて最も正確な予測をするようにパラメーターを調整することである。一般的には、学習は成績基準に従って改善することを意味し、回帰においては、成績はモデルの予測がトレーニングデータで観察された出力値にどれだけ近いかによって決まる。ここでいう仮定とは、トレーニングデータが根底にある作業の性質を十分に反映していることで、その結果トレーニングデータに正確に基づいて機能するモデルはその作業を学習したということができる。

文献に見られる別の機械学習アルゴリズムは、使用するモデル、最適化する成績基準、または最適化中にパラメーターが調整される方法がちがう。

ここで、機械学習の目的はトレーニングデータを複製することではなく、新たな例を正しく予測することにあるのを思い出さなければならない。市場に購入対象となる車が一定数しかなく、その全部の値段を知っているとすれば、単にそれらの値段を全部記録して探索表をつくればいい。これを「記憶」という。しかし、可能性のある例全体のうち、ごく一部しか見られず、そのデータから「一般化」したい、つまりトレーニング例を超えた一般的モデルを学習し、またトレーニング中に見られなかった入力について良い予測をしたい場合も多い（それが学習の面白いところなのだが）。

可能性のある車全体のうち、ごく一部だけを見て、トレーニング集合以外の車――トレーニング集合では正しい出力が得られなかった車――の正しい値段を予測したい場合、そのトレーニング集合でトレーニングされたモデルが新規の例についてどの程度正しい出力を予測するかを、そのモデルと学習アルゴリズムの「一般化能力」という。

ここでの基本的前提（学習を可能にするのがこの前提なのだが）は、類似する車は値段も類似するということで、この場合の類似性は選択する入力属性で測定する。これらの属性値の変化（たとえば累計走行距離の変化）はゆっくりしているため、値段の変化もゆっくりしていると予想される。入力に対応して出力の動きもなめらかだから、一般化が可能になる。そういう規則性がなければ、特定の例から一般的モデルを導くことができず、そうなると、トレーニング集合内外のすべての例に適用できる一般的モデルがありうるという考えに根拠がないことになる。

中古車の値段を見積もる場合だけでなく、ビジネスへの適用であれ、パターン認識であれ、科学であれ、現実の世界からデータを集める多くの作業に、このなめらかさがある。世界に規則性があるから、機械学習と予測が可能なのだ。世界のものごとはなめらかに変化する。人は場所Aから場所Bに「光速で飛んでいく」わけではなく、連続した中間地点を通らなければならない。世界の連続するスペースブロックには物が詰まっている。人の視野にある近くの点は同じ物体のもので、そのたいてい、同じ色合いを持っている。人の歌か話かにかかわらず音もまた、なめらかに変わる。不連続は境界に相当するが、それはめったにない。人の感覚システムのほとんどが、このなめらかさを利用しており、カニッツァの三角形（図2・2）のような錯視は、人の感覚器と脳がなめらかさを想定していることによって生じる。

図2.2｜カニッツアの三角形。

機械学習、
そして予測が可能なのは、
世界に規則性があるからだ。
世界のものごとはなめらかに
変化する。人は場所Aから
場所Bに「光速で飛んでいく」
わけではなく、
連続した中間地点を
通らなければならない。

このような仮定が必要なのは、固有のモデルをみつけるのに収集したデータだけでは不十分だからで、学習、すなわちモデルをデータに適合させることは「不良設定問題」なのだ。どの学習アルゴリズムも固有のモデルをみつけるためのデータについて一連の仮定をするが、この仮定一式を学習アルゴリズムの帰納的バイアスという。[*2]

この一般化能力が機械学習の基本的能力であって、それによってトレーニング例を超えることができる。もちろん、機械学習のモデルが正しく一般化できる保証はなく、モデルが作業にどの程度適しているか、トレーニングデータがどれだけあるか、またモデルのパラメーターがどの程度よく一般化されるか次第なのだが、うまく一般化すれば、データよりずっと良いモデルができる。授業で教師が以前に解いて見せた練習問題しか解けない生徒は、その内容を完全にはマスターしていない。練習問題から十分に一般的な理解を得て、同じテーマについての新たな問題も解けるようにならなければならない。

数列を学ぶ

ごく簡単な例を見てみよう。ある数列の次の数をみつける問題があるとする。その数列が

0、1、1、2、3、5、8、13、21、34、55

だとすると、これが「フィボナッチ数列」だということに気づくだろう。最初の2項が0と1で、それに続くどの項も前2項の和になっている。このモデルの性質に気づくと、それを使って次の数が89になると推測できる。その後は同じモデルを用いて推測を続け、好きなだけ数列を伸ばすことができる。

この答を考えつくことができるのは、無意識のうちに、このデータの「簡単な説明」をみつけようとするからだ。人はいつもそうしている。「オッカムの剃刀」という哲学的指針が、不必要な複雑さを排除して単純な説明をせよと教えている。この数列の場合、前の2項を加えるという規則が十分に単純だ。

数列がもっと短くて

0、1、1、2

だとすると、ただちにフィボナッチ数列とは言えず、推測は2になるだろう。数列が短い場合、単純な規則が多数ありうる。各項を次々に見ていくと、次の値が当てはまらない規則は除外される。モデルフィッティングとは基本的に除外の過程であって、新たな観察値（トレーニング例）がそれぞれ、従わない候補すべてを除外する制約因子になる。そして単純な法則をすべて除外してしまったら、全項に当てはまる複雑な説明を徐々に考えなければならない。

モデルの複雑さは「ハイパーパラメーター」を使って決定する。ここでは、モデルが足し算だけで前2項だけが使えるということがハイパーパラメーターである。では、

0、1、1、2、3、6、8、13、20、34、55

という数列を考えてみよう。読者もこの数列を説明する規則をみつけられるかもしれないが、それはたぶん複雑な規則だと思う。しかし、「間違いがふたつある」フィボナッチ数列だとも考えられる（6が5の間違いで20が21の間違い）。それでもやはり、次の数は89と推測するか、あるいは次の数が［88、90］の間にあると推測できる。

この数列を厳密に説明する複雑なモデルの代わりに、間違いがあるのではないかと考えれば、ノイズのあるフィボナッチ数列とする説明のほうが良さそうだ（前述の未知の因子によるランダム効果を思い出そう）。そして実際、間違いはありそうなことだ。ほとんどの人の感覚器は完全とは程遠く、タイピストは始終タイプミスをする。私たちは合理的に、理性的に行動していると思いたがるが、衝動買いや衝動的クリック、気まぐれの旅行などがよくある。人間の行動は、温和なアポロ型かと思えば、ときに自己中心的なディオニュソス型にもなる。

学習では「圧縮」も行う。数列に潜在する規則がわかったら、もうデータは必要ない。データに規則を当てはめることによってデータより単純な説明が得られたら、保存するメ

モリもコンピューター処理も少なくてすむ。掛け算の法則を知ったら、ありうるすべての2数の積を記憶する必要がないのと同じことだ。

信用評価

別の種類の機械学習アルゴリズムについて考えるために、もうひとつの適用例を見てみよう。「貸付限度額」とは、銀行などの金融機関がたいていは分割で利息をつけて返済する条件で貸す金額を指す。銀行にとっては貸付金に伴うリスク、つまり顧客が全額を返済しない危険性を事前に予測することが重要である。これは、銀行が利益を得るためでもあり、顧客が自らの財務能力を超える借入金を抱え込まないためでもある。

信用評価では、銀行が信用金額と顧客情報のリスクを計算する。その情報には入手できるデータで顧客の財務能力の計算に関係があるもの、つまり収入、貯蓄、担保、職業、年齢、過去の金融歴などが含まれる。この場合も評点を計算するための既知の法則はなく、時と場所による。そのため最良のアプローチは、データを集めてそれを学習しようとすることになる。

信用評価は回帰問題と定義できる。以前は、顧客の評点をさまざまな属性の加重合計として記す線形モデルがしばしば使われた。給料が千ドル増えるたびに評価がXポイント上がり、借金が千ドル増えるたびにYポイント下がる。予想スコア次第で、たとえば評点が高い顧客のクレジットカードの限度額が高くなるなど、さまざまな措置が講じられる。

信用評価は回帰の代わりに「分類」問題とも定義できる。その場合、顧客は低リスクと高リスクの2種類に分類される。分類も、別の種類の教師つき学習だが、出力が回帰では数値で出るのに対して、この場合はクラス符号で出る。

「クラス」とは共通の性質を持つグループで、これを分類問題とする場合、高リスクの顧客は全員、低リスクの顧客にはない共通の性質を持っており、クラスにはそれらの性質について「判別式」という定式があると想定する。その判別式は、顧客の属性によって決まる、空間内でふたつのクラスを分ける境界線として可視化できる。

例によって、隠れた判別式がわからないが実例データの標本があり、データから判別式を知りたいという場合を考えてみよう。

データの作成にあたっては、過去の取引を見てローンを返した顧客を低リスク、返済しなかった者を高リスクと分類する。このデータを解析して高リスクの顧客のクラスを知り、将来、新たなローンの申し込みがあったときに、その顧客がどちらに当てはまるかによって、申し込みを断るか受けるかをチェックできるようにしたい。

顧客情報を分類システムの分類子に入力して、それをふたつのクラスのどちらかに指定させる。申し込み情報から、顧客の収入と貯蓄を入力することにする（図2・3参照）。それというのも、収入と貯蓄から顧客の信頼性に関する十分な情報が得られると考える根拠があるからだ。

なんらかの役割を果たす因子のすべてを完全に知ることができるわけではなく、たとえば詳しい経済状態や顧客についての全情報はわからない。そのため、ある人物が低リスクか高リスクかは、決定的には計算できない。これら観察不可要素はランダム性をもたらすから、観察できる事項だけでは新規顧客が低リスクか高リスクかは正確にはわからないのだが、ふたつのクラスの確率は計算できるから、確率の高いほうを選ぶことになる。

ひとつ考えられるモデルでは、次のような「if-then ルール」形式で判別式を明らかにする。

収入がXより小さく、貯蓄もYより小さければ高リスク。そうでなければ低リスク。

ここでXとYは、データに基づく予測に最もよく適合するように微調整したパラメーターである（図2・3参照）。このモデルではパラメーターはこれらの閾値で、線形モデルの場

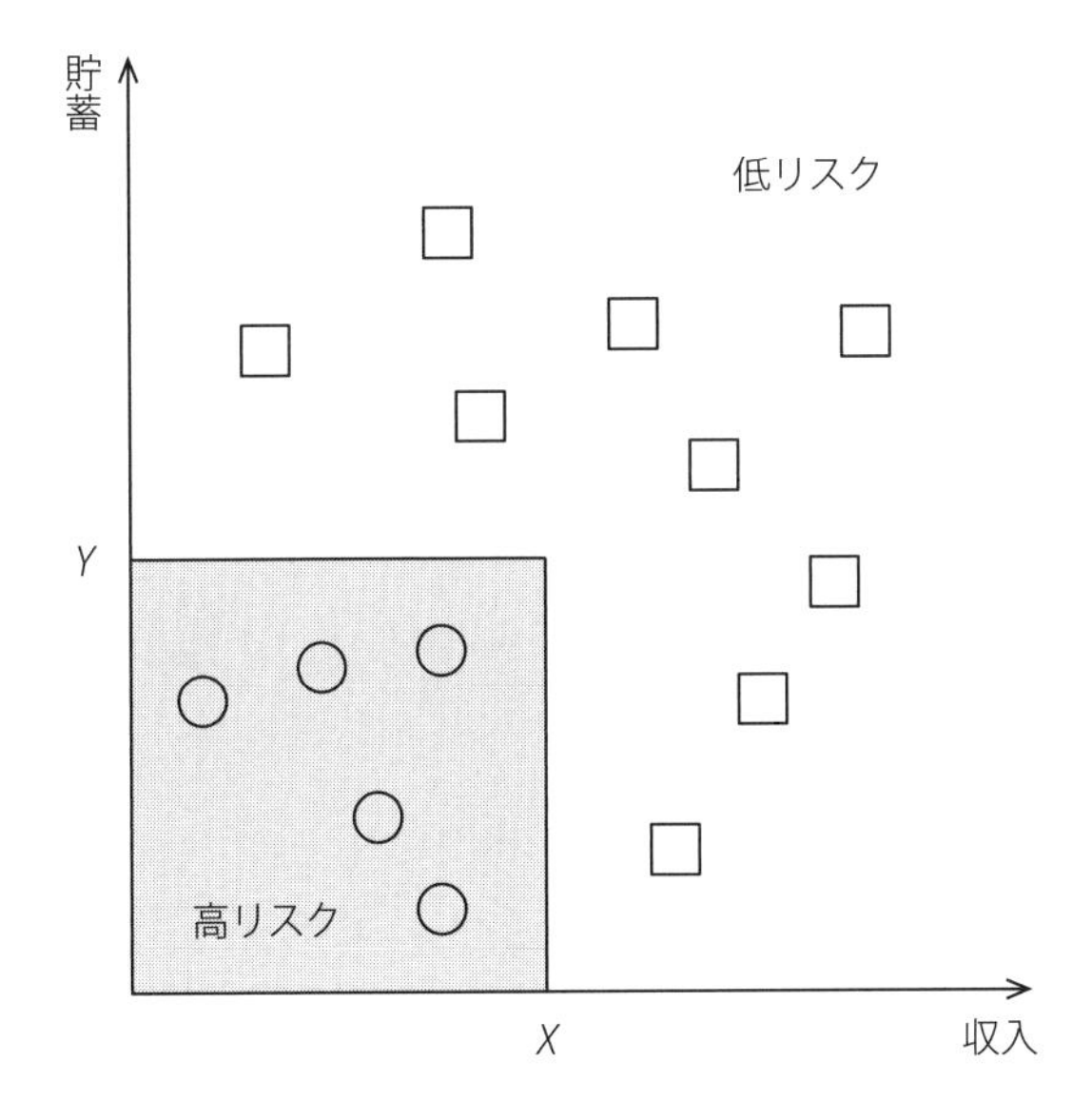

図2.3 低リスクと高リスクの顧客を分類問題として分ける。ふたつの軸は収入と貯蓄をそれぞれの単位（たとえば千ドル）で表す。それぞれの顧客が収入と貯蓄に応じて2次元空間内の点で表され、クラスは高リスクの顧客が○で低リスクの顧客が□のように形で表されている。高リスクの顧客は全員が、収入が X より少なく貯蓄が Y より少ないため、これを判別条件として使うことができる。

合のように重みはつけない。

各if-thenルールは、入力する属性のひとつからなる、それぞれが単純な条件である複合条件を特定する。このルールはもともと「および」という接続詞でつながれた条件を含む表現だから、ルールが適用されるためにはすべての条件を満たさなければならない。

こうした条件を満たす顧客のサブセット――収入がXより少なく、「かつ」貯蓄がYより少ない顧客――には低リスクの顧客より高リスクの顧客のほうが多いことから、高リスクの確率が高いことが法則からわかり、結果として高リスクと分類される。

この単純な例では高リスクになるのは一通りで、残りの例はみな低リスクになる。別の適用例では、if-then法則がいくつかあって、それぞれが特定の範囲を定める「法則ベース」から、それらの法則の分離によって各クラスを特定するものもありうる。高リスクになる道筋はいろいろあって、それぞれひとつの法則で特定され、法則のどれかを満たせば十分となる。

データからこうした法則を学習すれば「知識の抽出」ができる。法則はデータを説明する単純なモデルで、このモデルを見ることによってデータの根底にある過程についての説明が得られる。たとえば、低リスクと高リスクの顧客を分ける判別式を知れば、低リスクの顧客の特性がわかる。そうなれば、この情報を使って、カスタマイズされた広告などで潜在的な低リスクの顧客に効率よく的を絞ることができる。

エキスパートシステム

機械学習が標準になる前にはエキスパートシステムがあった。1970年代に提唱され1980年代に使われた[*3]このシステムは、人の意思決定を助けるコンピュータープログラムだった。

「エキスパートシステム」は「知識ベース」と「推論エンジン」で構成されている。知識は一組のif-then法則で表され、推論エンジンは論理的推論規則を用いて推論する。規則は分野の専門家と相談のうえプログラムされ、固定される。分野の専門知識をif-then法則に変換する過程は難しく、費用も高額だった。推論エンジンは、論理的推論にとくに適したリストプロセッシング（LISP）やプロローグ（Prolog）など専門のプログラミング言語でプログラムされた。

1980年代の一時期、エキスパートシステムは米国（LISPが使われた）だけでなくヨーロッパ（Prologが使われた）など世界中で大人気だった。日本にはエキスパートシステムと人工知能（AI）のための超並列アーキテクチャーによる第五世代コンピュータープロジェクトがあった。応用例はあったが、感染症診断用のマイシン（MYCIN）など、比較的限られた分野が対象だった。[*4] 商業用のシステムもあった。

研究が行われ幅広い関心も向けられたが、エキスパートシステムが軌道に乗ることはなかった。その原因は基本的にふたつある。第1に、知識ベースは非常に面倒な作業によって手動でつくる必要があった。データからの学習はなかったのだ。第2に、論理が現実世界を表すのに適さなかった。実生活では、ものごとは真か偽かではなく、程度の問題である。ある人が年寄りか年寄りではないかではなく、年ごとに高齢になっていく。論理的法則が当てはまる確実性もまた、さまざまだ。「Xが鳥なら、Xは飛べる」はたいてい真だが、いつもそうとは限らない。

真実度を表すために「ファジー理論」がファジーメンバーシップ、ファジールール、推論とともに提唱され、それが開始して以来、さまざまな適用例である程度の成功を収めてきた。[*5] 不確実性を表すもうひとつの方法が、本書で用いる確率論である。

本書で取り上げる機械学習システムは、ふたつの点で意思決定におけるエキスパートシステムの延長だ。第1に、機械学習システムはプログラムする必要がなく実例から学ぶことができ、第2に、確率論を用いるため、あらゆる付随ノイズ、例外、曖昧さと、その結果生じる不確実性を伴う現実世界をよりよく表すからである。

期待値

人がものごとを決めるとき——たとえばひとつの事柄を選ぶとき——、正しいこともあれば間違っていることもある。正しい決定が同じく良い決定ではなく、間違った決定が同じく悪い決定ではないかもしれない。金融機関はローンの申込者について査定するとき、利益を得る可能性と損失が出る可能性の両方を考慮する必要がある。低リスクの申込者への融資を承認すれば利益が増え、高リスクの申込者への融資を断れば損失が減る。高リスクの申込者への融資を誤って承認すれば損失を被り、低リスクの申込者への融資を誤って断れば利益を得るチャンスを逃すことになる。

たとえば「医療診断」のような分野では、状況はずっと重大で対称的とは程遠い。この場合、入力は患者についてわかっている情報で、出力は病気ということになる。入力には患者の年齢、性別、既往歴、現在の症状などがある。その患者が受けなかった検査があった場合には、その種の入力が欠けている。検査には時間も費用もかかり、患者にとって都合が悪いかもしれないので、貴重な情報をもたらす検査だと信じないかぎり、実施したいと思わない。

医療診断の場合、間違った決定は間違った治療や無治療につながるが、さまざまな種類の間違いが同じように悪いわけではない。仮に、ある患者に関する情報を集めるシステムがあって、その情報に基づいて、その患者がある種の病気（たとえば、ある種のがん）にかかっているかどうか判定したいとしよう。可能性は、患者ががんにかかっている（これを陽性とする）と、かかっていない（陰性）のふたつある。

同じように、間違いも2種類ありうる。システムはがんと予測するが実際はがんではない場合、これを「偽陽性」といって、システムが誤って陽性を選ぶ場合だ。これが困るのは不必要な治療をすることになるからで、費用もかかれば患者に害も及ぼす。システムが無病と予測するが実際にはがんである場合は「偽陰性」になる。

偽陰性は、患者が必要な治療を受けないことになるから、偽陽性よりなお悪い。偽陰性の代償は偽陽性の場合よりずっと大きいため、たとえ陽性の確率が比較的低くても、陽性を選んで精密検査をする。これが、結果（表か裏か）の確率が2分の1より高いほうを選ぶコイン投げの予想と違うところだ。

ここで登場するのが「期待値」計算で、確率を使って判定するだけでなく、判定の結果、生じる可能性がある損益も考慮に入れる。期待値の計算は、保険など多くの分野でしばしば行われるが、人が常に合理的に行動するとは限らないことがわかっている。そうでなければ、宝くじを買う人間がいるわけがない。

スイスの作家マックス・フリッシュの小説『Homo Faber（ホモファベル）』のなかで、ヘビに咬まれた少女の母親が、ヘビに咬まれた場合の死亡率はたった3～10パーセントだから心配しなくていいと言われた。母親は怒って言った。「もし私に娘が100人いたら、私が亡くすのはたったの3人から10人でしょうよ。びっくりするほど少ないわよね。まったく、おっしゃるとおりよ」。それから、こう言った。「でも私には子どもがひとりしかいないのよ！」。倫理的問題が関わっているときは、期待値計算の使用には気をつける必要がある。[*6]

偽陽性も偽陰性もともにツケが大きいとしたら、考えられる第3の道は決定を「拒絶」して先送りすることだ。たとえば、コンピューターを使った診断法で二者択一が難しいとしたら、決定を拒んで手動で決めればいい。熟練した人間なら、システムに直接入れられない追加情報を活用することができる。同じく郵便自動仕分け装置が封筒に書かれた郵便番号を読みとれないときは、郵便局員が住所を読めばいい。

第3章 パターン認識

読む学習

自動的な視覚認識には、その作業に応じたさまざまな複雑さがある。そのなかで最も単純なもののひとつが「バーコード」の読み取りで、認識しやすいさまざまな幅の線で情報が表されている。バーコードは印刷しやすく、読み取り用のスキャナーをつくるのも簡単な、単純で効果的な技術のため、今でも広く使われている。ただしバーコードは自然な表記法ではなく、情報容量が少ない。そのため最近では、より小さいスペースにより多くの情報を入れることができるQRコードなどの2次元マトリックス式コードが提唱されている。

工学には、あちらを立てればこちらが立たずというトレードオフ問題が付きもので、ある課題が解決しにくいときは、それを逆手にとって、もっと効率のいい解決法を考えつくことができる。たとえば、車輪は輸送にはすこぶる便利だが、平らな面が必要だから道路も整備しなければならない。管理された環境なら課題はもっと簡単になる。脚状の物はいろいろな地形で使えるが、つくってコントロールするのが難しく、かなり軽い荷物しか運べない。

「光学式文字認識（ＯＣＲ）」は印刷されたり書かれたりした文字を画像から認識する。これは、（バーによる）余分なコーディングがないため、バーコードより自然だ。単一のフォントを使えば、それぞれの文字の書き方はひとつだけになり、たとえばＯＣＲ–Ａのように、自動認識を容易にするために特別につくられた標準フォントがある。

バーコードまたは単一のフォントの場合、クラスごとに単一のテンプレートがあるから学習の必要はない。それぞれの文字について、簡単に保存できる単一のプロトタイプがある。それは、その文字の理想的なイメージであって、入力をすべてのプロトタイプとひとつずつ比べて、プロトタイプが最もよく合うクラスを選ぶ。これを「テンプレート照合」という。印刷や検出にエラーがある可能性はあるが、最も近いものをみつけることによって認識できる。

多くのフォントや手書き文字がある場合、同じ文字でもさまざまな書き方があるため、そのすべてに使えるテンプレートとして保存することはできないかもしれない。そのため、同じ文字のさまざまな例を調べて全部に及ぶ一般的表記をみつけることによってふさわしいクラスを「学習」したい。

興味深いことに、書くことは人間の発明だが、すべての「A」を網羅し「A」ではないものを含まない正式な形を人は知らない。だからさまざまな書き手の字とフォントを見本にして「A」であることの定義を知る。しかし、あるイメージを「A」というクラスの例とするものが何であるか知らないとはいえ、さまざまな「A」のすべてに共通のものがあることは確信しているから、実例からそれを引き出したいのだ。

ある文字のイメージは、単にいいかげんな点とばらばらな向きの線が集まったものではなく、規則性があると知っているから、学習プログラムを使ってそれを把握できると考える。それぞれの文字について、さまざまなフォント（印刷文の場合）や筆跡（手書き文の場合）の例を見て一般化する。つまり、「A」は一定の線を組み合わせたもののひとつ、とか「B」はそうではない、などのように文字の実例すべてに共通の形をみつける。

ラテン語のアルファベットとその異形からなる印刷文字は比較的認識しやすいが、文字や装飾や書体が多いアルファベットは扱いにくい。筆記体だと文字がつながっているから、どこで分けるかという問題も発生する。

たくさんのフォントがあり、人の筆跡もさまざまだ。また、文字が小さかったり大きかったり、傾いていたり、インクで印刷されていたり鉛筆書きだったりして、結果的に同じ文字に多くのイメージが対応しそうなこともある。多くの研究が行われたにもかかわらず、文字認識において人間より正確なコンピュータープログラムは今のところない。そういうわけで、「キャプチャ」（ユーザーが人間でコンピュータープログラムではないことを証明するために入力するよう求められる、語や数のゆがんだ像）が現在も使われている。

モデルをデータに合わせる

機械学習の目的はモデルをデータに合わせることにある。理想的な場合には、すべての例に適合する単一の「一般的」モデルがある。第2章で述べたように、すべての車について値段を予測するのに使える単一の回帰モデルがある。こういう場合、モデルはトレーニングデータ全体で叩き上げられ、すべての例がモデルパラメーターに影響する。統計学ではこれを「パラメトリック推定」という。

パラメトリックモデルの良い点は、単純なこと（単一のモデルを保存して計算する）と、データ全体で叩き上げられることにある。あいにく、こうした全例に適用できる単一モデルの推定がすべての適用例に当てはまらない可能性があるというのが限界かもしれない。ある種の作業では、一組の「局所」モデルがあって、そのそれぞれが、ある種の例に適用できる場合がある。これを「セミパラメトリック推定」という。それでも入力を出力に導くモデルはあるが、それは局所的に有効なだけで、違う種類の入力ではモデルも違う。

たとえば中古車の値段を見積もる場合、セダンのモデルとスポーツカーのモデルと高級車のモデルが別べつにある可能性がある。これら別べつの種類の車では価値下落の動きが違うと信じる理由があればの話だが。このようなアプローチでは、データだけを与えられた場合、局所性へのデータのグループ分けと各局所領域でのモデルのトレーニングが連結して行われ、それぞれの局所モデルはその範囲内に入るデータでのみトレーニングされる。局所モデルの数が、モデルの順応性、ひいては複雑さを決定するハイパーパラメーターとなる。

ある種の適用例では、セミパラメトリック推定すら適用できない場合がある。つまり、データに明快な構造がなく、少数の局所モデルで説明できない場合である。こういう場合は正反対の「ノンパラメトリック推定」を使う。そこでは全体的にも局所的にも単純なモデルを推定しない。使われる唯一の情報は最も基本的な推定、すなわち同じような入力なら同じような出力が出るということである。このような場合、トレーニングデータをモデルパラメーターに転換する明確なトレーニングプロセスはなく、ただ過去の例のサンプルとしてトレーニングデータをとっておく。

ある例を与えられたら、クエリ［データベースに対応する命令文］に最も似たトレーニング例をみつけて、過去の類似例の既知の出力を参考にして出力を計算する。たとえば、ある車の値段を見積もりたいとすると、全部のトレーニング例から（使用する属性の点で）最もよく似た車3台をみつけ、それら3台の平均価格を計算して見積額とする。それら3台は属性が最もよく似た車だから、値段も同程度だと考えるのは理にかなっている。これをK近傍推定法といい、この場合、Kは3である。それらは最もよく似た過去の「事例」だから、このアプローチはときに「事例ベース推論」と呼ばれる。最近傍法は直観的なもので、似た事例は似たものを意味する。人は皆、仲間が自分にそっくりだから愛したり、場合によってはまったく同じ理由で憎んだりする。

生成モデル

データ解析で最近、大いに好まれているアプローチが、データがどのように生成されるかについての考えを指す「生成モデル」を検討することである。「隠れた」または「潜在的な」、相互作用をしてデータを生み出す「原因」がいくつかある、隠れモデルがあると想定する。目に見えるデータは大きくて複雑かもしれないが、それは少数の変数、つまり隠れた因子に支配されるプロセスで生み出されたもので、どうにかしてそれらを推測することができれば、ずっと単純な方法でデータを表し理解することができる。こうした単純なモデルは正確な予測をすることもできる。

光学式文字認識（OCR）を考えてみよう。その生成から、それぞれの文字の像は2種類の因子で成り立っているといえる。一方は識別、つまり文字のラベルであり、もう一方は外観で、書いたり印刷したりする（スキャンされる場合もある）プロセスに起因する。

印刷文字では外観はフォントによって左右される。たとえば、フォントがタイムズロマンの文字はセリフ［文字の端にある小さな飾り］と線のすべてが等幅ではない。このフォントは美的価値を重視するもので、カリグラフィーでは、とくに目立つのが美的部分である。しかし、このような外観による特徴が大きすぎて識別に混乱が生じるようでは困る。印刷文字のフォントと同じように、手書き文字でも筆跡が書く人によって違う。筆記用具（ペンや鉛筆など）や書く媒体（紙や大理石の板など）によっても外観が変わる。[*1]

印刷か手書きかにかかわらず、字に大小があるが、それはたいてい前処理段階の規格化で文字が固定サイズに変換される。もちろん、大きさによって識別が変わるものではなく、それを「不変性」という。不変性が望ましいのはサイズ（テキストが12ポイントだろうと18ポイントだろうと、内容は同じ）、傾き（テキストがイタリック体の場合）、線の幅（太字の場合など）だが、たとえばqを回転するとbになるように、1回転した場合は不変でないほうがいい。

クラスを認識するときは識別に集中する必要があるからそれを表す属性をみつけて、組み合わせて字を表す方法を学ばなければならない。外見に関連する属性、つまり書き手、美的感覚、媒体などはすべて、無関係なものとして無視するようにする。だが、ほかの作業ではそれらの属性が重要な場合があるから注意が必要だ。たとえば筆跡認証や署名認識の場合には、書き手に特有の属性が重要になる。

生成モデルは、原因となる隠れ因子によってデータが生成されるさまを説明する点で原因型である。このようなモデルをトレーニングしたら、それを「診断」に使いたくなるかもしれない。それは反対方向、つまり観察から原因に向かうことを意味する。この場合、医学が格好の例になる。病気が原因で、それは隠れている。症状が患者に認められる属性で、検査結果もそれに含まれる。病気から症状に向かうのは病気の経過と同じ原因型の方向であり、症状から病気に向かうのは医師が行う診断行為である。一般的には、診断は観測変数から隠れ因子を推測することである。

生成モデルは隠れた変数と観測変数に対応する点（ノード）からなるグラフで表すことができ、ノード間の弧はそれらの間の依存関係、たとえば因果関係を表す。このような「グラフィカルモデル」は、問題を視覚的に表示できる点で興味深く、統計的推測と推定手順によって、よく知られたグラフ処理を効率よく行うことができる。[*2]

たとえば、原因型は隠れた因子から観測された症状に向かい、診断は因果関係の方向を逆行する。私たちは条件つき確率を用いて依存性のモデルをつくり、たとえば患者がインフルエンザにかかっていると鼻水が出るという条件つき確率について語るときは、インフルエンザが（一定の確率で）鼻水を引き起こすという原因型方向に進んでいる。

ある患者に鼻水が出ている場合、逆方向の条件つき確率、つまり鼻水が出ていればインフルエンザにかかっている確率を計算する必要がある（68ページの図3・1参照）。確率においては、「ベイズの定理[*3]」によってふたつの条件つき確率が関連している。そのためグラフィカルモデルはときに「ベイジアンネットワーク」と呼ばれることもある。後の章でベイズ推定について再び述べるが、モデルパラメーターをこのようなネットワークに含めることもでき、その結果、柔軟性が増すこともわかる。

ある文章を読んでいるとして、利用できるひとつの因子が言語情報である。単語は文字

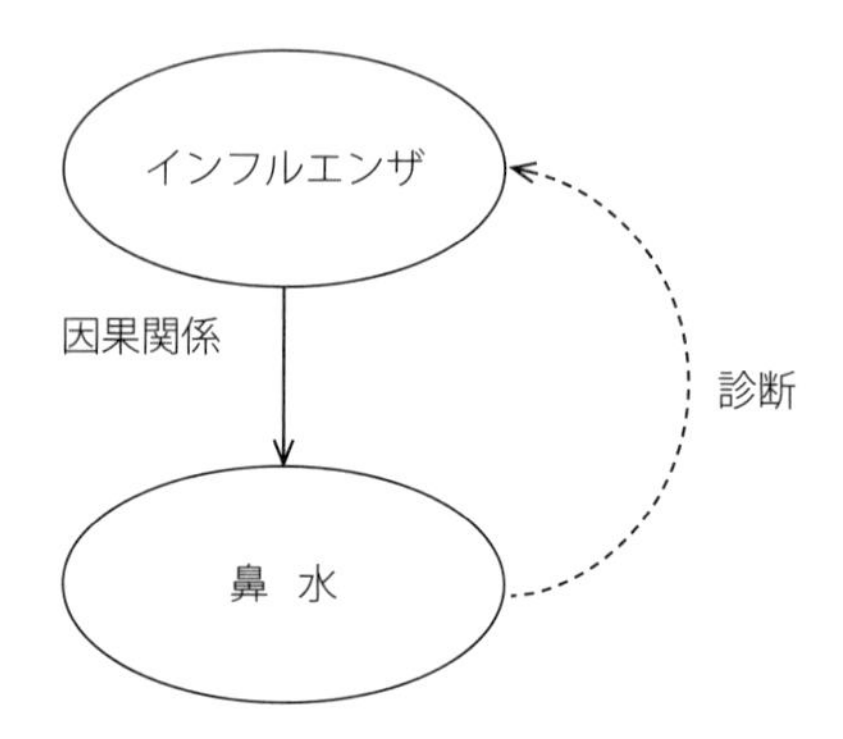

図3.1 インフルエンザが鼻水の原因であることを示すグラフィカルモデル。患者が鼻水を出していることを知っていてインフルエンザにかかっている確率を調べたい場合は、(ベイズの定理を用いて) 逆方向に推測することによって診断する。ノード [観測変数に対応する点] とリンク [連結] を増やすことによってグラフを大きくしていけば、それに応じて複雑な依存性を表すことができる。

が連なったものだが、文字を勝手につなげたものを書くことはめったになく、辞書のなかから単語を選んで書く。これには、単語の一字を認識できなくてもその単語を読めるという利点がある。このような文脈上の依存性はより高いレベルで、つまり言語の統語規則や意味規則によって単語間と文章間でも起こりうる。機械学習アルゴリズムはこのような依存性を学習して自然言語処理を助けるものだが、それについては後述する。

顔認識

「顔認識」の場合、入力がカメラでとらえた像で、クラスが認識すべき人物になる。学習プログラムでは顔画像を人と合わせることを学習するが、この作業は光学式文字認識(OCR)より難しい。というのは、入力画像が大きく、顔がほぼ3次元で、ポーズや照明の違いで画像が大きく変わるからだ。顔の一部が見えなかったり、メガネで目と眉毛が隠れていたり、ひげが顎を覆っている場合もあるだろう。

文字認識の場合とちょうど同じように、顔画像に影響する要因が2種類考えられる。識別を決める特徴と、識別には何の影響もないが外見には影響する、たとえばヘアスタイル、表情(つまりふつうの顔、笑顔、怒っている顔など)だ。これら外見上の特徴は、光源やポーズなど撮影された顔画像に影響を及ぼす隠れた因子にも左右される。人物特定に関心があるのなら、第2の種類の特徴に無関係に第1の種類の特徴だけを使った顔の描写を学習したい。

一方、別の課題では第2の種類の特徴に関心を持つこともある。顔の表情を認識することによって、人物特定ではなく気分や感情を知ることができる。たとえば、会議をビデオで監視して参加者の気分を見ていたい場合があるだろう。また、オンライン授業では、生徒が混乱したりイライラしたりしていないかを知って、授業のスピードを調節することが重要だ。急速に一般化しつつある「感情コンピューティング」は、ユーザーの気分に適応するコンピューターシステムをつくることを目的としている。

目的が、たとえばセキュリティのために人を認証することだったら、顔画像を使うのは可能性のひとつにすぎない。生理的特徴や行動特性を使って人を識別・認証する「バイオメトリクス」もある。生理的特徴の例としては顔のほかに指紋、虹彩、掌紋などがあり、行動特性には署名ダイナミクス、声、歩き方、キーの打ち方などがある。もっと的確に決めたければ、別の様式の入力を取り込むこともできる。さまざまな種類の入力があれば、写真、署名、またはパスワードによる通常の本人確認方法と違って、偽造（なりすまし）は難しくなりシステムの精度が増して、ユーザーにあまり不自由をかけずにすむと思われる。

音声認識

「音声認識」では、入力はマイクロホンでとった音響信号、クラスは発せられる言葉である。この場合、学習すべき関連づけは音響信号と何らかの言語の単語である。

それぞれの文字の像がさまざまな向きの線のような基本プリミティブでできていると考えられるのとちょうど同じように、単語は基本的言語音である一連の「音素」と考えられる。発話の場合、入力は「時間的なもの」で、単語はこれら一連の音素として発せられ、単語は長いものも短いものもある。

年齢、性別、訛りなどのため同じ単語でも発音は人によって違う。そしてこの場合も、それぞれの単語の音は2種類の因子、つまり単語にかかわるものと話者にかかわるもので構成されると考えられる。音声認識では第1の種類の特徴を用い、話者の認証では第2の種類を用いる。ちなみに、第2の種類の特徴（話者にかかわるもの）は認識したり人工的につくったりするのが容易ではなく、音声合成器から出る声がいまだに「ロボット声」なのはそのためだ。[*4]

バイオメトリクスの場合と同じように、この分野の研究者も多くの発生源を組み合わせる。音響情報に加えて、ビデオ画像で話者が話すときの唇の動きと口の形も利用できる。

自然言語処理と翻訳

光学式文字認識（OCR）と同様に音声認識でも、「言語モデル」への文脈情報の取り込みが大いに役立つ。コンピューター言語学でプログラムされた規則が何十年間も研究されたことによって、言語モデル（言語の語彙規則、統語規則、意味規則を決める）をつくる最良の方法は、実例を集めた大きなデータベースから学習することであるのがわかった。「自然言語処理」への機械学習の適用が増加し続けている。最近の調査結果は（Hirschberg and Manning 2015）[*5]で見られる。

比較的簡単に適用できる「スパムフィルタリング」では、一方にスパム発生源、他方にフィルターがあって、互いに相手をしのぐべく、より巧妙な方法を探し続ける。これはスパムとまっとうなEメールというふたつのクラスがある分類問題である。同じような適用例に、テキスト文書をアート、文化、政治などいくつかのカテゴリーに振り分ける文書分類がある。

顔は画像で話し言葉は音響信号だが、テキストのなかには何があるだろう。テキストは文字列だが、文字はアルファベットによって規定され、言語とアルファベットの関係は単純ではない。人間の言語というのは複雑きわまりない情報表現で、さまざまなレベルで語彙規則、統語規則、意味規則のほかにユーモアや皮肉などの機微があるばかりか、センテンスが単独で成り立っていたり解釈できたりすることはめったになく、なんらかの会話や全体的な文脈の一部であることがほとんどなのだ。

テキストを表す最も一般的な方法はbag of words（単語の袋）式で、大量の語彙集を先に決めておいて、それぞれの文書をそれの「どこか」に出現する語彙リストを使って表す。つまり、選んでおいた単語のうち、どれが文書に出てきてどれが出てこないかに注目する。テキスト中の単語の並び方は考えないから、用途によって良い場合も悪い場合もある。語彙集を選ぶときは、兆候を示す単語を選ぶ。たとえばスパムフィルタリングだったら、「チャンス」「提供する」などの言葉が目印になる。接尾語（「-ing」や「-ed」など）を除去し、情報のない単語（「the」、「of」など）を無視する事前処理が行われる。

最近、ソーシャルメディアのメッセージを分析することが、機械学習の重要な適用分野になってきた。目的のひとつはブログや投稿を分析して「トレンディングトピック」「ツイッターなどで話題になっているトピック」を抽出することであり、語の新しい組み合わせが突然、大量に見られるようになったことを意味している。もうひとつの目的は気分認識、つまり顧客がある製品（政治家なども）に満足しているかどうかを判定することにある。そのために、ふたつのクラス（満足対不満足）を示す言葉を含む語彙集を決め、単語の袋を使ってそれらの語がクラスにどう影響するかを学習する。

機械学習の適用としておそらく最も目覚ましい例は「機械翻訳」だろう。今はまだだとしても、いずれそうなる。数十年間にわたって手作業でコードされた翻訳ルールが研究された結果、最も有望な方法は、両方の言語の文書をセットにして膨大な量のサンプルを用意し、一方の言語を他方に合わせるルールを学習プログラムに自動的にみつけさせることらしいとわかった。カナダのような二言語国家と公用語が多数あるEUでは、二か国語以上に慎重に訳された同一文書をみつけるのは比較的簡単だ。機械学習による機械翻訳へのアプローチでは、その種のデータが多用されている。

第4章では「ディープラーニング（深層学習）」について述べる。自然言語処理に必要な各層の抽象化を自動的に学ぶ点で、翻訳にはディープラーニングが非常に有望であることがわかる。

多重モデルの組み合わせ

どんな用途にも各種学習アルゴリズムのどれかを使うことができるし、また最良のもののひとつを選ぼうとするのではなくそれら全部を使ってそれぞれの予測を組み合わせたほうが、もっといい場合もありそうだ。それによってトレーニングにおけるランダム性を取り除いて成績をよくできる可能性がある。

それぞれ異なるが互いに補完する一組のモデルをみつけたいとき、ひとつの方法として、それぞれ異なる情報源を見せればいい。その例はすでに見ている。バイオメトリクスでは顔、指紋など別べつの特徴を見るし、音声認識では話の音響信号に加えて話者の唇も読む。

今ではデータのほとんどがマルチメディアで、さまざまな状況で「マルチビューモデル」を使うことができ、各種センサーもそれぞれ異なる、補完的な情報を供給する。画像検索では画像そのものに加えてテキスト記述やタグが付いている場合もある。両方の情報源を使うことによって、より良い検索結果が得られる。スマートウォッチやスマートフォンなどの高性能デバイスにはセンサーが搭載されているから、それらが読み取ったものを組み合わせて、たとえば「行動認識」に使うことができる。

外れ値検出

機械学習の別の用途に「外れ値検出」がある。その目的は、一般法則に従わない例、つまり一定の状況下で情報を持つ例外をみつけることにある。典型例には単純に述べられる共通の特性があり、それがない例は非定型だという考えに基づいている。

『アンナ・カレーニナ』でトルストイがこう書いている。「幸福な家族はどれも似たようなものだが、不幸な家族の不幸さはそれぞれ違う」。このことは多くの方面で言えることで、19世紀のロシアの家族に限った話ではない。たとえば医療診断でも、健康な人は誰もが似たようなものだが健康でない人はさまざまで、人それぞれに病気がある、と言える。

こういう場合、モデルは典型例をカバーし、そこから外れる例は例外になる。「外れ値」とは、標本内で他の例から大きく離れた例をいう。その外れ値は、システムの異常行動を示す場合がある。クレジットカードだったら「不正使用」かもしれないし、画像の場合なら、外れ値は注意を要する「異常」、たとえば腫瘍を示しているかもしれない。ネットワークトラフィックの場合はハッカーが侵入しようとしていること、医療の場合には患者の正常な行動から大きく逸脱していることを指し示しているかもしれない。外れ値は

（たとえばセンサーの故障による）記録エラーを示していることもあって、そのときは検出して切り捨てないと信頼できる統計にならない。また外れ値は、それまで見られなかった新規だが正当な例であることもあって、そのときは関連用語の「特異値検出」の出番となる。それはたとえば、新しい種類の儲かる顧客かもしれず、会社が開拓するのを待っている新たな隙間市場かもしれない。

次元削減

どの適用例でも、情報を含んでいると考えられる観察データの属性は入力とみなされ、意思決定に用いられる。しかし、それらの特徴の一部は実際には情報をまったく含まず、捨て去られる場合もある。たとえば、ある中古車の色が値段にあまり影響しないことがわかることがある。また、別べつのふたつの属性に相関性があって基本的には同じもの（たとえば、中古車の製造年と走行距離は相関性が高い）であるため、片方を残せば十分な場合もあるだろう。

別個の前処理段階における「次元削減」に私たちは関心を持っているが、それは以下の理由による。

第1に、ほとんどの学習アルゴリズムにおいて、モデルと学習アルゴリズムの複雑さは入力属性の数に左右される。この場合、複雑性にはどれだけ計算するかという時間複雑性と、コストがどれだけかかるかという空間複雑性の2種類がある。入力の数を減らすとどちらの複雑性も必ず低下するが、どの程度低下するかは個々のモデルと学習アルゴリズム次第である。

第2に、ある入力が不必要だと判断されたら、それを測定するコストの節約になる。たとえば医療診断で、ある検査が不要であることがわかったら、それをしないことによって金銭的コストがかからず患者も不快にしなくてすむ。

第3に、データセットが小さい場合は単純なモデルのほうがうまくいく。つまり、少ないデータで学習できるし、同じデータ量で学習する場合は分散（不確実性）が小さくなる。

第4に、少ない特徴でデータが説明できる場合は、解釈が容易な単純なモデルが使える。

第5に、データが小さい次元（たとえば2次元）で表せる場合、構造と外れ値を視覚的に描いて分析することができ、その結果データからの知識抽出がしやすくなる。視覚化によって一つのプロットが千の情報をもち（百聞は一見にしかず）、データをうまく表すことができれば、その他のことはモデルフィッティング計算をしなくても目で見て補うことができる。

次元削減の方法には基本的に、特徴選択と特徴抽出のふたつがある。「特徴選択」では重要な特徴をとっておいて重要でない特徴は捨てる。基本的には、入力属性のセット（集合）から最小のサブセット（部分集合）を選んで最大の結果を得る手法である。特徴選択で最も広く使われている方法は「ラッパー」法で、可能な特徴の空間を探索し、評価を行う。各サブセットでトレーニングされテストされた基本的分類子または独立変数が「ぐるぐると巻きつく」ように探索する。

「特徴抽出」では、もともとの特徴から計算された新たな特徴を明示する。それら新たに計算された特徴は、数は少ないがもともとの特徴の情報を保存している。このように合成された少数の特徴はもとの属性のどれよりもデータをよく説明し、ときには隠れた概念または抽象概念と解釈されることがある。

写影法では、新たな特徴はそれぞれ、もともとの特徴の線形結合になる。この方法のひとつを「主成分分析」といい、データの最大量の分散を保持する新たな特徴が見られる。分散が大きければデータの広がり具合が大きく、そのため実例間の差が最もはっきり見えるのに対して、分散が小さければデータの実例間の差があまりない。もうひとつの方法である「線形判別分析」は教師つき特徴抽出の一種で、その目的はクラス間の違いを最大にする新たな特徴をみつけることにある。

特徴選択を使うか特徴抽出を使うかは、適用例と特徴の精度によって決まる。信用評価をしようとして顧客の年齢、収入、職業などの特徴がわかっているなら、特徴選択が理にかなっている。各特徴について、情報を持っているか否かを判定できる。しかし特徴の写影は意味をなさない。年齢、収入、職業の線形結合（加重合計）をしても意味がない。一方、顔認識をしようとしていても入力がピクセルデータなら、特徴選択は意味をなさない。個々のピクセルだけでは識別情報を伝えないからだ。この場合は特徴抽出で行うようにピクセルの特定の「組み合わせ」を見るほうが理にかなっている。

一方、非線形次元削減法は線形結合より良い特徴をみつけることができる。これが、機械学習の最新の話題のひとつである。理想的な特徴のセットは最小の数でデータセットの（分類または回帰）情報を最もよく表すが、それが符号化の過程である。また、その新しい特徴が、より簡潔にデータを表す、より高位の特徴に対応できるため、抽象化の過程と考えることもできる。第4章では、この種の非線形特徴抽出が人工ニューラルネットワークで学習を行うオートエンコーダー［自己符号化器］ネットワークとディープラーニング［深層学習］について述べる。

決定木

以前にｉｆ－ｔｈｅｎルールについて述べたが、そのルールを学ぶひとつの方法に決定木がある。「決定木」は機械学習の最も古い方法のひとつで学習も予測も単純だが、多くの領域で精度が高い。決定木はシーザー［カサエル］の頃からよく知られていた有名な「分割統治」法を用いて、複雑な仕事、たとえばガリアの支配［カサエルによるガリア支配］を、より単純な地域ごとの仕事に分割する。決定木はコンピューター科学ではよく同じ理由で、つまり複雑さを減らすために、あらゆる種類の用途で使われる。

以前にノンパラメトリック推定について述べたが、その際、新規の問題に最もよく似た近傍のトレーニング例のサブセットをみつけることが目的であったのを思い出そう。K最近傍法では、すべてのトレーニングデータをメモリに保存し、新規のテストクエリと全トレーニング例の類似性をひとつずつ計算し、最も類似したものK個を選ぶことによって行う。これはトレーニングデータが大きいときはかなり複雑な計算であり、データが巨大だと不可能な場合もある。

決定木は、さまざまな入力属性について一連のテストを行うことによって最もよく似たトレーニング例をみつける。決定木は決定ノードと「葉」でできている。「根」から出発して各決定ノードが出す入力に対する分割テストの答えに応じて、どちらかの「枝」に進む。「葉」に到達したら検索は終了で、最も類似したトレーニング例を発見したことになり、それらから補間する（図3・2参照）。

根から葉に至る各コースはコース上の決定ノードにおけるテスト条件に対応しており、このようなコースはif-thenルールとして書くことができる。決定木の利点は、木をif-thenルールのルールベースに変換できること、またルールが解釈しやすいことにある。決定木は所定のトレーニングデータで学習する。その場合、分割点は「純度」が最も高くなるように領域の範囲を定めて設置される。各領域には出力が類似するような実例が含まれている。

決定木学習はノンパラメトリックである。木が必要に応じて大きくなり、その大きさはデータに内在する問題の複雑さに左右される。つまり、作業が簡単なら木は小さく、作業が難しければ木が大きくなる。

決定ノードで使われる分割テストと「葉」で行われる補間に応じて、いろいろな決定木モデルと学習アルゴリズムがある。現在、大人気の「ランダムフォレスト」では、トレーニングデータのランダムなサブセットについての多くの決定木をトレーニングし、それら

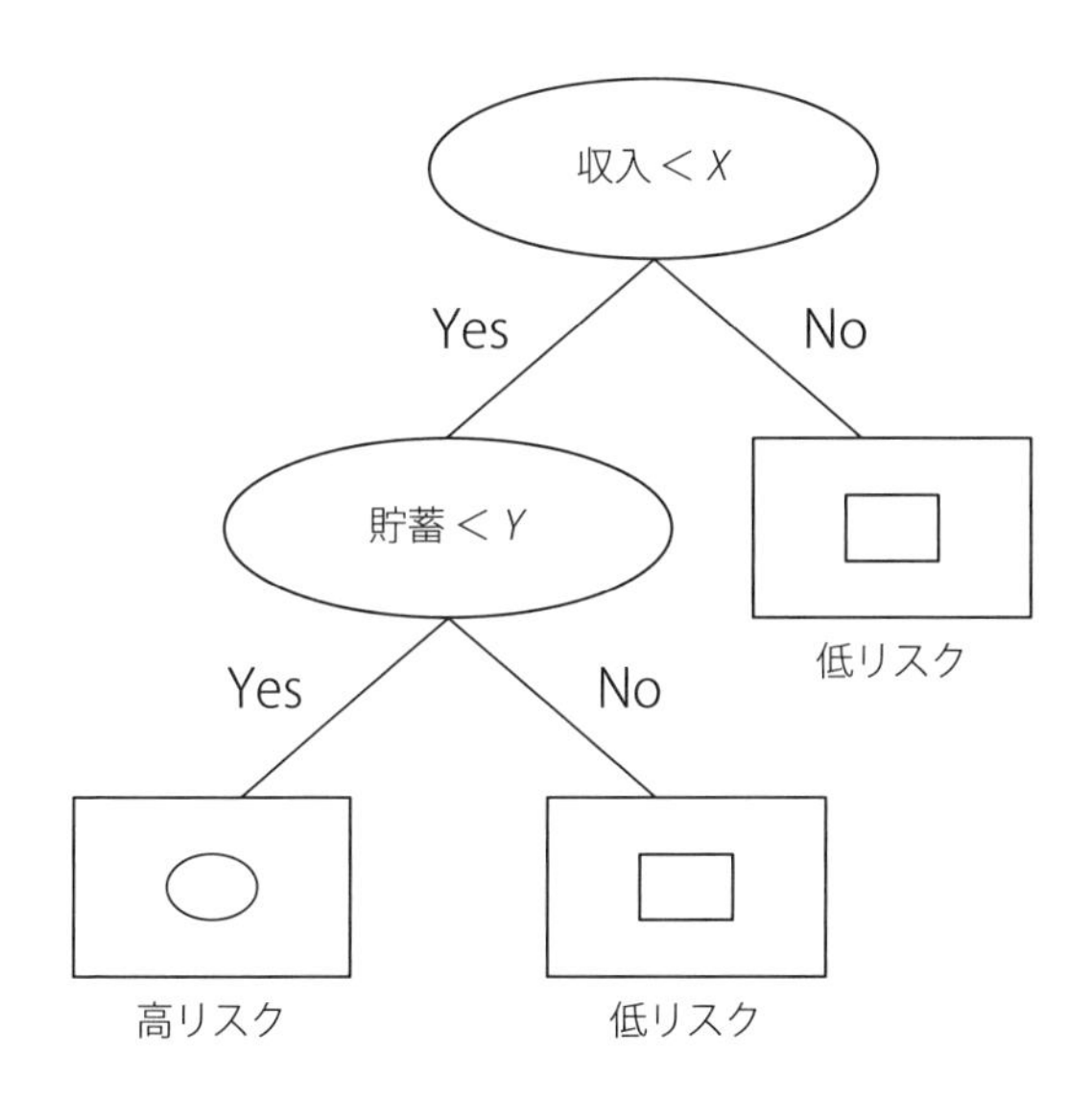

図3.2 低リスクと高リスクの顧客を分別する決定木。この木が図2.3に示した判別子の役割を果たしている。

の予測を採決する（そしてでこぼこの少ない予測を得る）。

決定木はさまざまな機械学習で使われて成功している。線形モデルとともに決定木は、より複雑な学習アルゴリズムを試す前の基本的ベンチマーク法のひとつと考えるべきである。

アクティブラーニング（能動学習）

学習においては、学習者も自分が何を知っていて何を知らないかわかっていることが決定的な意味を持つ。学習したモデルが予測をするとき、その予測にどの程度の確信を持っているかも示すことができれば参考になる。前に述べたように、これは信頼区間の形で示すことができ、区間が小さければ不確実性が低いことを示す。

一般に、データが多ければ情報が多いから、不確実性が低くなる傾向がある。しかしデータ点は等しくつくられるわけではないから、学習したモデルが不確実性が高い箇所を知っていれば、そこの実例にラベルをつけるよう能動的に教師に頼むことができる。これを「アクティブラーニング」という。モデルは学生が授業中に質問するのと同じように新しい入力を合成して質問を生成し、それらにラベルをつけるようにする。

たとえば人工知能の最初期には、最も情報を持っている実例はクラス境界の現在の予測に最も近いところにあるものだと理解されていた。「ニアミス」とは、ほぼ正の例に違いないと見えて、じつは負の例である場合をいう。[*6]

機械学習における関連研究領域は「計算論的学習理論」と呼ばれ、特定の学習課題に関係なく一般的に当てはまる学習アルゴリズムの理論的境界をみつけることである。たとえば、あるモデルと学習アルゴリズムについて、十分に高い確率で一定の誤差を保証するのに必要な最少数のトレーニング例を知りたい場合がある。これをＰＡＣ（「確率的に大体正しい」）学習という。[*7]

ランクづけの学習

「ランキング」は回帰や分類と違う、言ってみれば両者の間にある機械学習の適用領域である。分類と回帰では各実例に、出力に望ましい絶対値があるが、ランキングでは対になった実例について学習させてふたつを正しい順序で出力させる。

たとえば映画の推薦用に「レコメンデーション（推薦）モデル」を学習したいとする。そのための入力は映画の属性と顧客の属性で構成される。出力は、特定の顧客が特定の映画をどれだけ好むと思われるかを示す数値スコアになる。この種のモデルを教育するには、過去の顧客の評価を使う。顧客が過去に「B」より「A」の映画を好んだことがわかっていたら、その顧客の「A」の推定スコアが実際に「B」の推定スコアより大きくなるようにトレーニングする。その後、最高のスコアに基づいて推薦するのにそのモデルを使うときは、「B」より「A」に似ている映画を選ぶことになる。

たとえば中古車の値段については数値のスコアが必要だったが、この場合はそれがない。順序さえ正しければ、スコアの範囲はどうでもいい。トレーニングデータは絶対値ではなく順番で与えられる。[*8]

ここで、分類子や独立変数と比較したランカー［ランキング項目］の利点と違いを見てみよう。ユーザーが映画を好んだか好まなかったかで評価すると、それはふたつのクラスの分類問題になって分類子を使えるが、好みは微妙なので2者間評価は使いにくい。一方、観客がそれぞれの映画がどの程度良かったかを、たとえば1から10の評点で評価する場合は回帰問題となるが、そういう評点をつけるのは難しい。2本の映画のうち、どちらのほうを好んだかを言うほうが自然だし簡単だ。ランカーがそれらすべての対でトレーニングしたあとに、これらの制約すべてを満たす数値スコアを生成するだろう。

ランキングには用途がたくさんある。検索エンジンでは、質問が与えられたときに最適な文書を検出してほしい。とりあえずトップ10の候補を検出して表示したところ、ユーザーが最初のふたつを飛ばして3番目をクリックしたら、3番目を1～2番目より上に置くべきだったことがわかる。ランキングの学習には、こうした「クリックログ」を使う。

ベイズ法

ある種のモデルを使ったある種の適用では、ありうるパラメーターの値について「事前の信念」を持つことがある。コインを投げるときは公正なコインまたはそれに近いものと期待するから、表が出る確率は2分の1に近いと考える。車の値段を予測するときは、走行距離が値段にマイナスの影響を及ぼすと考える。ベイズ法では、パラメーターを見積もる際、こうした事前の信念を考慮に入れることができる。[*9]

「ベイズ推定」ではデータとともに、その事前の知識を使ってパラメーターの「事後分布」を計算する。ベイズ法は、とくにデータセットが小さいときに役立つ。事後分布を得るためのひとつの利点として、各パラメーター値がどうなりそうかを知っているから、最もありそうなパラメーター――「最大事後確率（MAP）推定量」――を選ぶことができるだけでなく、パラメーターのすべての値、あるいは可能性が高い値いくつかを平均することによって、パラメーター予測の不確実性を平均化することができる。

ベイズ法は融通が利くし面白いのだが、制限的な想定下の単純なシナリオの場合を除いて、必要な計算が複雑すぎるという不都合がある。ひとつの可能性として、簡単には扱えない実際の事後分布の代わりに、扱える分布に最もよく似たものを使う「近似値」の方法がある。もうひとつ考えられるのが「サンプリング」で、この場合は分布そのものを使うのではなく分布から代表的な例を生成し、それに基づいて推測する。これらふたつによく使われる方法、つまり前者用の「変分近似」と後者用の「マルコフ連鎖モンテカルロ」（MCMC）サンプリングが、機械学習で現在最も重要な研究方向に数えられる。

ベイズ法では事前の信念をトレーニングに取り入れることができる。たとえば、根本的な問題はなめらかだという事前の信念があれば、単純なモデルのほうが望ましい。「正則化」では、複雑性にペナルティを課し、トレーニング中はデータへの適合を最大にするのに加えてモデルの複雑さが最小になるようにする。モデルを不必要に複雑にし、出力の変異が大きくなりすぎるようなパラメーターは外す。ということは、パラメーターの調整だけでなくモデル構造の変更も取り込む学習計画になる。逆に、モデルがデータに対して単純すぎるのではないかと思われるときは、複雑さを高めることもある。

ベイズ推定で「ノンパラメトリック」法を使うのは、パラメトリックモデルクラスによる制約を受けることがなく、モデルの複雑さもデータの作業の複雑さに合わせてダイナミックに変わる点で、とくに興味深い。[10] したがって、モデルは望むだけ複雑にできる——学習すると大きくなる——から、モデルは「無限の大きさ」になる。

第4章 ニューラルネットワークとディープラーニング

人工ニューラルネットワーク

脳は人に知的能力を授ける。人が見て聞いて、学習して記憶し、計画して実行するのは脳のおかげだ。こうした能力を持つ機械をつくろうと思えば、直接参考にするのは人間の脳だ。ちょうど、過ぎし日に空を飛ぼうと思ったとき、鳥に着想を得たように。そこで人は、脳がどのように作用するかを見て、脳が何かをするときどうやってするのかを知ろうとする。だが、実施の細かい手順に無関係な説明がほしい。それが、第1章で分析のレベルの話をしたときに計算理論と呼んだものである。抽象的で数学的なコンピューター向きの説明を引き出すことができれば、技術者にはお手のもののシリコンなどの材料を電気で動かして再現することができる。

航空機をつくろうとする試みは、航空力学の理論を知ってからようやく成功した。今では、鳥と飛行機は別べつの飛び方をしていることがわかっている。だから人工鳥ではなく飛行機と呼ぶし、飛行機は鳥ができないこと、つまり鳥より長く飛んだり乗客や貨物を運んだりすることができる。目的は知能について同じことを成し遂げることで、それにはまず脳からヒントを得ることにする。

人の脳は膨大な数の処理装置、「ニューロン」でできていて、それぞれのニューロンが「シナプス」という接合部位によって別の多数のニューロンとつながる。ニューロンたちは同時に作動して、シナプスを介して互いに情報を伝達する。処理はニューロンが行ってシナプスに記憶されると考えられている。ニューロンは互いにつながって影響し合う。

「ニューラルネットワーク」をアナログ計算のモデルとする研究（ニューロンの出力は0か1ではない）はデジタル計算の研究と同じ早い時期に始まったのだが[*1]、デジタルコンピューターがすぐに成功を収めて広く使われるようになってからも、長い間ほとんど気づかれずにいた。

1960年代になって、「パーセプトロン」モデルがパターン認識のモデルとして提唱される[*2]。それは人工のニューロンとシナプス結合からなるネットワークで、各ニューロンに活性化値があり、ニューロンAからニューロンBへの伝達にはBに対するAの影響を規定する重みがある。シナプスが興奮性の場合、Aが活性のときBをも活性化しようとし、シナプスが抑制性なら、Aが活性のときBを抑制しようとする。

作動時、各ニューロンがそれとシナプスをつくる全ニューロンからの活性化を合計し、シナプス荷重の重みで総活性化が閾値より大きければ、ニューロンが「発火」してその出力がこの活性化の値に相当する。そうでない場合、ニューロンは不活性である。ニューロンが発火すると、それとシナプスをつくる全ニューロンに活性化値を送る（図4・1参照）。パーセプトロンは基本的に、決定する前に加重合計を計算する。これは、前述の線形モデルの一つの変型を実行する方法とみることができる。このようなニューロンは層を形成することができる。そこでは、ある層のすべてのニューロンが前の層のすべてのニューロンから入力を受け取って並行して値を計算し、それらの値を合わせて次の層のすべてのニューロンに伝える。これを「多層パーセプトロン」と呼ぶ。

ニューロンの一部は感覚ニューロンで、網膜の受容体と同じように環境（たとえば感知した像）から値をとる。それが次にほかのニューロンに送られ、活性化がネットワーク全体に伝播するのにつれて次々の層でさらに処理される。最後に出力ニューロンが最終決定をし、アクチュエーターを介して、たとえば腕を動かす、言葉を発するなどの動きをする。

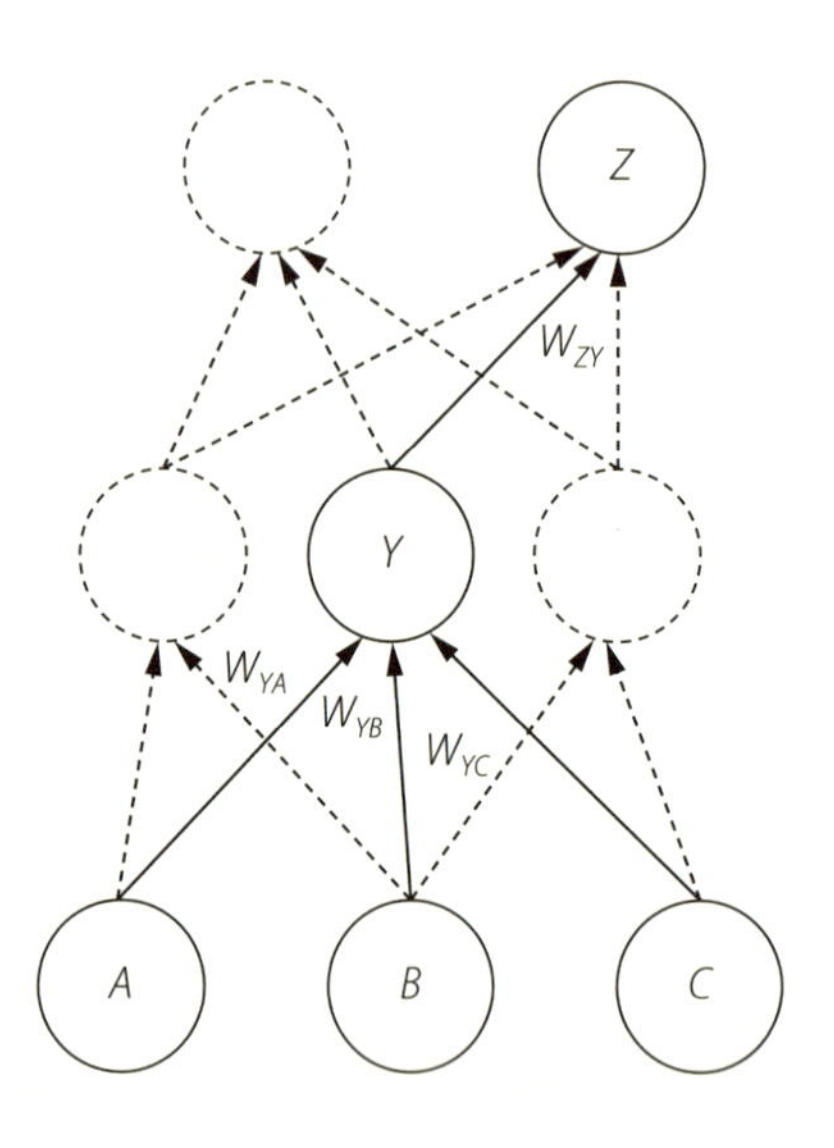

図4.1　ニューロンおよびシナプス結合からなるニューラルネットワークの例。ニューロン*Y*がニューロン「*A*」「*B*」「*C*」から入力を受け取る。「*A*」から*Y*へのつながりには*Y*に対する「*A*」の影響を決める重み「W_{YA}」がある。*Y*は対応する結合荷重で重みづけされた入力の影響を合計することによって総活性化を計算する。これが十分に大きければ、*Y*は発火して次のニューロン（たとえば*Z*）に重み「W_{ZY}」の結合によってその値を送る。

ニューラルネットワーク学習アルゴリズム

ニューラルネットワークでは学習アルゴリズムがニューロン間の結合荷重を調節する。初期のアルゴリズムはヘブ[*3]が提唱した（1949）もので、「ヘブの学習」則と呼ばれている。ふたつのニューロン間の重みは、それらふたつが同時に活性の場合は増強される。その際、シナプス荷重がふたつのニューロン間の相関を効果的に学習する。

例として、視野に丸があるかどうかをチェックするニューロンと、数字の6があるかどうかをチェックする別のニューロンがある場合を考えよう。6、または読み方を学んで6と知らされたものを見るときはいつでも丸も見るので、両ニューロン間の結合が増強されるが、丸のニューロンと、たとえば数字の7のニューロンの間の結合は増強されない。片方を見ても別のものを見ないからである。そういうわけで、次に視野に丸を見たとき、数字の6のニューロンの活性は増強されるが数字の7のニューロンの活性は減少するため、7より6が仮説として見込みがある。

場合によっては、ネットワーク中の特定のニューロンが入力装置で、一部が出力装置であると明確に指定される。入力の標本と、それらに対応する、教師が指定した正しい出力値を含むトレーニング集合があるとする。たとえば中古車の価格を見積もる場合、入力として車の属性、出力として車の価格がある。この教師つき学習の場合、トレーニング集合の入力値に入力装置をクランプし、重みとネットワーク構造に応じてネットワーク経由で活性が伝播する結果、出力装置に計算値が見られる。

「誤差関数」を、入力についてネットワークが予想する実際の出力と、トレーニング集合で教師が特定した必要値の差の総和と定義する。ニューラルネットワークトレーニングではトレーニング例ごとに、その例の誤差を減らすように結合荷重をわずかに修正する。誤差を減らすということは、次に同じ、または同様の入力があるとき予想された出力が正しい値に近づいていることを意味する。理論的には、これは第2章で述べた、あのなつかしい回帰にほかならないのだが、この場合はモデルがニューロンとの結合からなるニューラルネットワークとして実行される点が違う。

トレーニング例を見るときにひとつずつ結合荷重を微調整することによって「オンラインで」ニューラルネットワーク学習アルゴリズムを学習できることが、重要な特徴である。しかし「バッチ」学習では、データセット全体があって、データ全体を使って一度にトレーニングを行う。現在よく行われるアプローチは「ミニバッチ」を使うもので、それぞれの修正の際、小セットの実例を使う。

データセットが次第に大きくなっている現在、データ全体の収集と保存が不要なオンライン学習は魅力がある。ストリームデータ方式で、一度にひとつの例または少数の例を使って学習することができる。さらに、一般にデータの基本的な特徴はゆっくり変化するが、そうだとしてもオンライン学習では停止して新たなデータを収集し、再びトレーニングを行う、ということをせずに切れ目なく適応することができる。

パーセプトロンができることとできないこと

線形モデルが多くの分野でまずまずうまくいったように、パーセプトロンは多くの課題で成功を収めるが、パーセプトロンでは実行できない課題もある。[*4] そのなかで最も有名なのが、排他的論理和（ＸＯＲ）の問題である。

論理学では、包含的論理和と排他的論理和の2種類の論理和がある。日常会話で「バスか電車で空港に行く」というときは、排他的論理和のつもりで言っている。つまりふたつの場合があって、一度に正しいのは片方だけである。包含的論理和を表すのには、「今度の秋学期には数学１０１および・または物理１０１をとるよ」のように複合形の「ａｎｄ／ｏｒ」を使う。つまり、数学１０１、物理１０１、または両方をとる、ということである。

包含的論理和はパーセプトロンで実行できるが、排他的論理和は実行できない。その理由は簡単である。たとえばバスと電車というふたつの選択肢があって、どちらか一方で十分だという場合、それぞれに閾値より大きい重みをつけて、どちらかが真のときニューロンが発火するようにすればいい。一方で、両方が真のときは全体の活性化が2倍になって閾値を下回ることができない。

多層のパーセプトロンを使って排他的論理和（ＸＯＲ）のような課題を実行「できる」ことが当時もわかっていたが、そういうネットワークをどうやって「教育」するのかがわからなかった。そして、パーセプトロンは排他的論理和のように単純な課題は実行できない──少数の（デジタル）論理ゲートで簡単に実行できるのだが──という事実に絶望した結果、ニューラルネットワーク研究は世界の数か所を除いて長期間、放棄されることになった。１９８０年代なかばになってようやく多層パーセプトロンの教育用に「逆伝播」アルゴリズムが提唱され（そのアイデアは１９６０年代と１９７０年代頃からあったものの、ほとんど気づかれずにいた）、ニューラルネットワーク研究への関心がよみがえった。[*5]

人工ニューラルネットワークがすべてフィードフォワード（正方向に送られる）であるわけではなく、「回帰ネットワーク」では層間の結合に加えて同じ層のニューロンどうし（自身を含む）が結合したり前の層のニューロンに結合したりもする。各シナプスが若干の遅れを招くため、回帰結合によるニューロン活性化が文脈情報の「短期記憶」として作用し、ネットワークに過去を記憶させる。

たとえば入力ニューロン「A」がニューロン「X」に結合し、また「X」がそれ自体に回帰結合するとしよう。すると時間「t」における「X」の値は時間「t」における入力「A」に依存し、また「X」からそれ自体への回帰結合により時間「$t-1$」における「X」の値にも依存する。次の時間ステップでは、時間「$t+1$」における「X」は時間「$t+1$」における入力「A」と時間「t」における「X」にも依存する（その前には時間「t」における「A」と時間「$t-1$」における「X」を使って計算された）、というように続く。このように、「X」の値は時間にかかわらず、それまでのすべての入力に依存する。

ネットワークの状態を、ある時間における全ニューロンの値を集めたものと定義すると、回帰結合によって現状は、現在の入力だけでなく前の入力から計算された前の時間ステップにおけるネットワークの状態にも依存することになる。そこでたとえば、一度に一語ずつ文を見ているとすると、回帰によって文のなかの以前の語群が凝縮された抽象形でこの短期記憶に保存され、そのため現在の語を処理するときに考慮に入れることができる。ネットワークの基本構造と回帰結合の設定方法によって、過去のどこまでさかのぼって現在の出力にどう影響するかが決まる。

回帰ニューラルネットワークは発話や言語処理のように時間の次元が重要な多くの課題で使われるが、そこで認識したいのが連続性である。ある言語から別の言語への文の翻訳では、入力だけでなく出力も連続する。

認知科学におけるコネクショニストモデル

人工ニューラルネットワークのモデルは認知心理学と認知科学では「コネクショニスト」または「並列分散処理」（ＰＤＰ）モデルと呼ばれる。[*6、7] ニューロンはコンセプトに対応し、ニューロンの活性化はそのコンセプトが真であると人が現在考えていることに対応する、というアイデアに基づいている。結合はコンセプト間の制約もしくは依存性に対応する。ふたつのコンセプトが同時に発生した場合（たとえば丸のニューロンと「6」のニューロン）は、ある結合にプラスの重みがあって興奮している。逆にふたつのコンセプトが互いに排他的である場合（たとえば丸のニューロンと「7」のニューロン）は重みがマイナスで抑制性である。

（たとえば環境を感知することによって）値が観察されるニューロンは、それらが結合しているニューロンに影響を及ぼす。そしてネットワーク全体へのこの活性伝播によって、結

ネットワークの状態を、
ある時間における全ニューロン
の値を集めたものと定義すると、
回帰結合によって現状は
現在の入力だけでなく前の入力から
計算された前の時間ステップに
おけるネットワークの状態にも
依存することになる。

合によって決定される制約を満たすニューロン出力の状態ができる。

コネクショニストモデルの基本的な考えは、知能は「創発特性」であり、認識やパターン間の関連づけのような高度な作業は、相互接続した単純な処理装置のかなり基本的な動作によって、この活性伝播の結果自動的に発生するというものである。同じように、学習は簡単な動作によって結合レベルで行われる。つまりヘブ則によれば、高度のプログラマーは必要ない。

コネクショニストネットワークは生物学的妥当性には注意を払うが、それでもまだ脳の抽象モデルである。たとえば、脳内の各コンセプトについてひとつのニューロンが実在するとは、まず考えられない。これが「おばあさん細胞」理論で、「私の脳には、私が祖母を見たり考えたりしたときだけ活性化されるニューロンがある」というもの、つまり「局所表現」である。脳の中でニューロンが死に、新しいニューロンが生まれることがわかっているから、コンセプトがニューロンのクラスター上に「分散表現」を持っており、基本的なニューロン構造が物理的に変化してもコンセプトが生き延びる、十分な余剰冗長性があると考えるほうが、理にかなっている。

並列処理のパラダイムとしてのニューラルネットワーク

１９８０年代以来、何千ものプロセッサーを持つコンピューターシステムが市販されている。とはいえ、このような並列アーキテクチャー用のソフトウェアは、ハードウェアほど速くは進歩していない。なぜなら、その時点までのコンピューター処理理論のほとんどがシリアルのシングルプロセッサー型マシンに基づいていたからだ。並列マシンをフル稼動させることは、効果的なプログラムをつくれないので、できなかった。

「並列処理」のパラダイムは主としてふたつある。「単一命令複数データ」（ＳＩＭＤ）型マシンでは、すべてのプロセッサーが同じ命令を実行するが、対象のデータは異なる。「複数命令複数データ」（ＭＩＭＤ）型マシンでは、異なるプロセッサーが異なるデータについて異なる命令を実行することができる。ＳＩＭＤ型マシンのほうが、書くべきプログラムがひとつだけなので簡単にプログラムをつくることができる。しかし、問題がＳＩＭＤ型マシンで並列処理できるような正規構造を持つことはめったにない。一方、ＭＩＭＤ型マシンはもっと一般的だが、個々のプロセッサーすべてに別べつのプログラムを書くのは容易ではない。さらに、同期化、プロセッサー間のデータ転送などに関連する問題が発生する。ＳＩＭＤ型マシンは製造も簡単で、プロセッサーを増やしたマシンもつくれる。ＭＩＭＤ型マシンの場合はプロセッサーが複雑だし、プロセッサーが任意にデータを交換するには複雑な通信ネットワークをつくらなければならない。

ここで、プロセッサーがＳＩＭＤのプロセッサーより少しだけ複雑だがＭＩＭＤのプロセッサーほどには複雑ではない機械があると仮定しよう。また、パラメーターをいくらか保存できる少量のローカルメモリがある単純なプロセッサーがあると仮定する。各プロセッサーが決まった機能を遂行し、ＳＩＭＤのプロセッサーと同じ命令を実行する。しかしローカルメモリに別べつの値を入れることによって、各プロセッサーが別べつのことを行い、操作全体をそれらのプロセッサーに分配することができる。次に、「ニューラルインストラクション・複数データ」（ＮＩＭＤ）型と称する機械では、各プロセッサーがニューロンに対応し、ローカルパラメーターがシナプス荷重に対応し、全体構造がニューラルネットワークになっている。各プロセッサーが遂行する機能が単純でローカルメモリが小さければ、多くのプロセッサーをひとつのチップに取りつけることができる。

ここで問題になるのは、あるタスクをプロセッサーのネットワークに分配してローカルパラメーターの値を決めることだが、そこに学習が登場する。機械が実例から学習することができれば、機械にプログラムを書いてパラメーター値を決める必要はない。

このように人工ニューラルネットワークが、現在の技術でつくれる並列ハードウェアを利用する一方法であり、学習のおかげでプログラムする必要もない。したがってプログラムの手間も省ける。

多層の階層的表示

以前、単層のパーセプトロンでは排他的論理和などのタスクは実施できず、これは多層の場合は当てはまらないと述べた。事実、多層パーセプトロンは「普遍的アプロキシメーター」で、十分なニューロンを与えられれば、どんな機能も望ましい精度で近似することができると証明されている。ただし、そのためのトレーニングは必ずしも簡単ではない。

パーセプトロンアルゴリズムで教育できるのは単層ネットワークだけだが、1980年代に多層パーセプトロンを教育する「逆伝播アルゴリズム」が発明され、その結果さまざまな領域で立て続けに適用され、認知科学からコンピューター科学や工学まで多くの分野でニューラルネットワーク研究が大きく加速した。

多層ネットワークは、生の入力から始めて徐々に複雑になる変換を行い、抽象的な出力表現に到達する多層の操作に相当するため、直観的である。

たとえば画像認識では、ピクセルを基本的入力および第1層への入力とする。次の層のニューロンがそれらを結びつけて、さまざまな向きの線と端などの基本的画像記述子を検出する。次の層がそれらを結びつけて長い線、弧、角などを形づくる。続く層はそれらを結びつけて、丸や四角などの複雑な形にする。次にそれらが、さらに別の処理層と結びつけられて、顔や手書き文字など学習したいものを表す。

ある層の各ニューロンは、それより下の層で検出された単純なパターンから、より複雑な特徴を描く。これらの中間的特徴検出ユニットは、直接観察されるのではなく観察されるものから決定される隠れた属性に対応するため、「隠れユニット」と呼ばれる。これら連続する隠れユニットの層は、ピクセルなどの生データから始まって数字や顔などの抽象概念に至る、次第に抽象化する層に対応する。

興味深いことに、視覚野でも同様のメカニズムが働いているらしい。ヒューベルとウィーセル（視覚の神経生理学の研究で1981年のノーベル賞を受賞）が猫を使った実験で、視野における特定の方向で特定の場所にある線に反応する「単純細胞」があることを証明した。単純細胞が次に「複雑細胞」と「超複雑細胞」に情報を与えて、より複雑な形を検出する。[*8] もっとも、後の層で起こることについて、多くはわかっていない。

ネットワークをこのような構造にするということは、入力について依存性などを仮定することを意味している。たとえば視覚では、近くのピクセルは相互に関連していることがわかっており、端や角のような局所的特徴がある。手書きの数字などは、そういう原始的な物が組み合わされたものと定義できる。情景がなめらかに変わるから近くのピクセルが同じ物に属する傾向があることがわかり、突然の変化（端）があることはまれだから、何かがあることがわかる。

同じように発話では局所性は時間にあって、時間的に近い入力は発話プリミティブとしてひとまとめにすることができる。これらのプリミティブを結びつけることによって、長い発声つまり発話音素を決定することができる。それが次に結びついて語になり、さらに結びついて文になる。

こうした場合、層間のつながりを設計するときは、ユニットを入力装置のすべてに結びつけない。というのは、全部の入力が依存しているわけではないからだ。代わりに、入力空間の窓を設定し、入力の小さい「局所的」サブセットだけに結びつけられたユニットを規定する。これによって結合の数、ひいては学習すべきパラメーターの数が減少する。こういう構造を「畳み込みニューラルネットワーク」と呼び、各ユニットの動作は重みをかけた入力の畳み込み（つまりマッチング）と考えられる。[*9、10] それ以前に、「ネオコグニトロン」という類似のアーキテクチャーがあった。

これを連続する層で繰り返すのだが、各層は下の少数の局所ユニットにつながっている。「特徴抽出器」の各層が入力空間の少しだけ大きい部分で下の特徴を結合することによって、少しだけより複雑な特徴をチェックし、入力全体を見る出力層に到達する。見える生の属性の数は多いかもしれないが、データから抽出して出力の計算に使う重要な隠れた特徴は一般にずっと少ないから、特徴抽出では「次元削減」も行う。

この多層ネットワークは「階層的コーン」の一例で、ネットワークを上に進んでクラスに到達するまで、特徴が複雑になり、抽象的になって数は少なくなる（図4・2参照）。

多層ネットワークの特殊例「オートエンコーダー（自己符号化器）」では、望ましい出力が入力と同じになるように設定されており、入力に比べて中間層で隠れユニットが少ない。入力から隠れユニットがある隠れ層までの最初の部分は高次元入力が圧縮されて、より少ない隠れユニットの値で表されるエンコーダーステージ［圧縮過程］を実装している。隠れ層から出力までの第2の部分は、隠れ層にある低次元表現をとって出力で高次元表現を再構築する、デコーダーステージ［復元過程］を実装している（110ページの図4・3参照）。

ネットワークが出力装置で入力を再構築できるためには、ボトルネックとなる少数の隠れユニットが、情報を最大限に保存する最良の特徴を引き出すことができなければならない。オートエンコーダーは「教師なし」である。隠れユニットは入力の良い符号化や短く

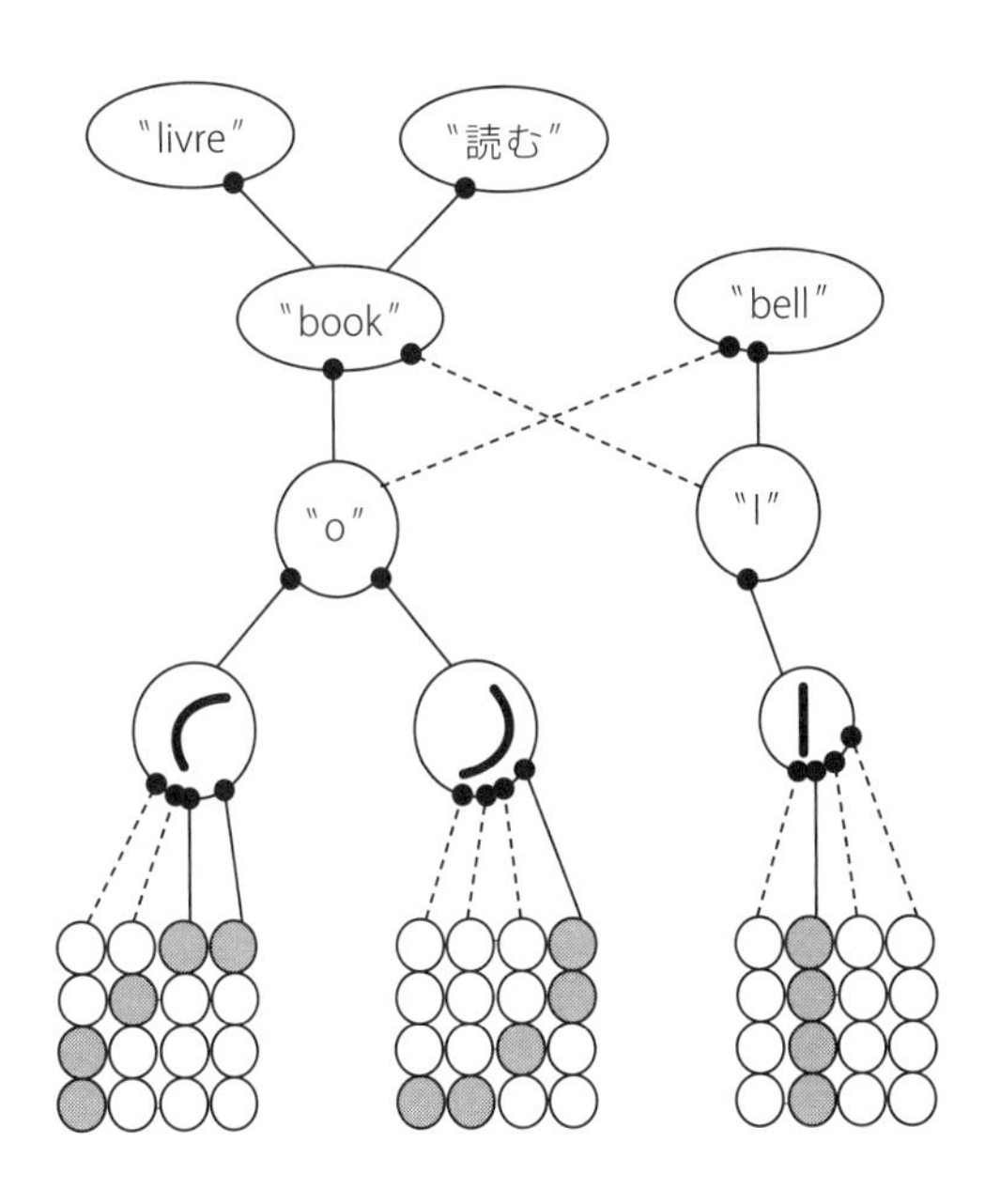

図4.2 階層的処理の例を単純化したもの。最下層にあるのがピクセルで、それらが結合して弧や線分などのプリミティブをつくる。それらが次の層で結合されて文字をつくり、次に結合されて語になる。上に行くにしたがって表現が抽象的になる。実線は興奮性の結合、破線は抑制性の結合を表す。「o」の字は「book」にはあるが「bell」にはない。最上層では、「book（本）」と「読む」、また「book」とフランス語の本「livre」などの、より抽象的な関係で活性が伝播したりする。

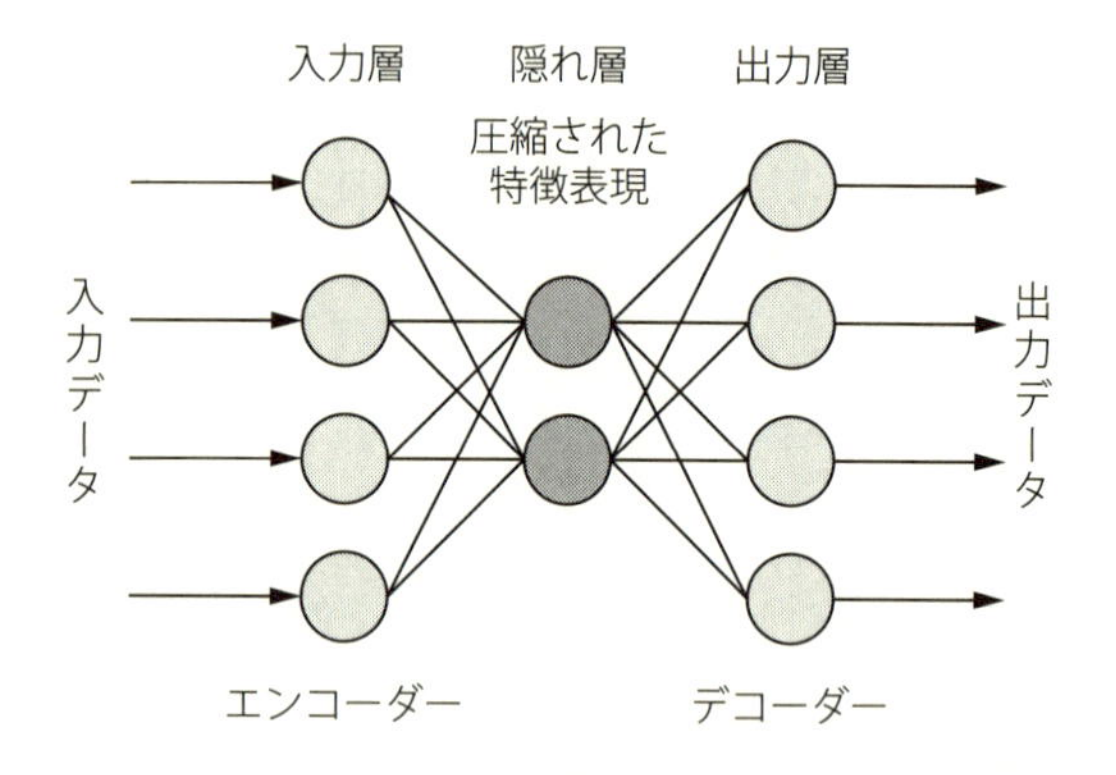

図4.3 オートエンコーダー。入力データはニューラルネットワークを通して圧縮し（隠れ層）、出力時には元のサイズに戻る。圧縮していく過程をエンコーダーと呼び、復元する過程をデコーダーと呼ぶ。

圧縮された表現をみつける学習をする。最も重要な特徴を抽出し、無関係なもの、つまりノイズを無視する。

ディープラーニング（深層学習）

コンピューター視覚分野では、過去半世紀に正確な分類を行うために最良の特徴をみつける重要な研究が行われた。そして特徴抽出器を手動で行うためのさまざまな画像フィルター、変換、畳み込みが提唱された。

これらのアプローチはある程度の成功を収めたが、最近はビッグデータと強力なコンピューターを使った学習アルゴリズムが、もっと高い精度を達成している。仮定をほとんどせず手動で干渉することもほとんどなく、階層的コーンに似た構造が大量のデータから自動的に学習している。この学習アプローチは、学習するゆえに特定のタスクに固定されることなく、さまざまな用途に使える点がとくに興味深い。このアプローチで隠れた特徴抽出器だけでなく、それらがどのように最良の結合をして出力を決めるのかを学習する。

これが「ディープニューラルネットワーク」の基本的アイデアで、生の入力から始めて各隠れ層が前の層の値を結合して入力のより複雑な機能を学習する。隠れユニットの値が

仮定をほとんどせず手動で
干渉することもほとんどなく、
階層的コーンに似た構造が大量の
データから自動的に学習している。
この学習アプローチは、
学習するゆえに特定のタスクに
固定されることなく、
さまざまな用途に使える点が
とくに興味深い。

0か1ではなく連続しているという事実によって、同じような入力もより精緻な段階的表現ができる。連続する層が徐々に抽象的になる表現に対応し、最終層で出力が最も抽象的な概念として学習される。

こうした例は畳み込みニューラルネットワークですでに見た。その場合はピクセルから始まって「端」に到達し、次に「角」へ…というようにして最終的に数字に到達する。この種のネットワークでは、接続性と全体的アーキテクチャーを決めるためにはユーザーは多少の知識を必要とする。入力が画像ピクセルである顔認識ネットワークを考えてみよう。各隠れユニットが「全部の」ピクセルに結合しても、入力が顔画像なのか、それとも単なる2次元（入力が一組の値）データなのか、ネットワークにはわからない。正しい抽象化を学べるように、隠れユニットが局所的な2次元パッチで与えられる畳み込みネットワークを使うのが、この局在性情報を与える一方法である。

「ディープラーニング」は、人の手をほとんど借りずに、徐々に抽象的になる特徴レベルを学習することを目的とする。[*11,12] というのはほとんどの場合、とくに上に行くにしたがって、また対応するコンセプトが「隠れる」と、入力にどんな構造があるかわからないからだ。そこで、実例の大標本で教育している間になんらかの依存性が自動的に発見されなければならない。抽象化と一般的表現の学習を可能にするのは、このように隠れた依存性、またはパターン、または規則性をデータから抽出することなのだ。

多数の隠れ層のあるネットワークを教育するのは難しく、時間がかかる。なにしろ出力でのエラーを逆戻りさせて前の層すべての重みを改定しなければならず、パラメーターが多い場合は干渉さえある。一方、畳み込みネットワークでは各ユニットが前の小さいサブセットのユニットだけに送られ、後の小さいサブセットだけに伝播するから、干渉が少なく教育が速くできる。

ディープニューラルネットワークではトレーニングは一度に1層分できる。各層の目的は入力の目立った特徴を抽出することで、そのためにオートエンコーダーなどの方法が使える。そのうえ、ラベルのないデータを使えるという利点もある——オートエンコーダーは教師つきではないからラベルつきデータの必要がない。そこで生の入力から始めてオートエンコーダーを教育し、隠れ層で学習された符号化表現を次に入力として使って次のオートエンコーダーを教育する、というように続け、ラベルつきデータで教師つきで学習する最終層に至る。このように、すべての層がひとつずつ教育されたら、それらすべてを次つぎに集める。そうなると積層オートエンコーダーのネットワークをラベルつきデータで微調整できる。

ラベルつきデータとコンピューターの処理能力が大きい場合は、ディープネットワーク全体を教師つきで学習させることができるが、教師なしの方法で重みを初期化するほうが、ランダムに初期化するよりずっとうまくいくし、学習がずっと速く、少ないラベルつきデータでできる。

ディープラーニングが魅力的なおもな理由は、手動による介入が少なくてすむことにある。正しい特徴や適切な変換をつくる必要がない。データ(今なら「ビッグ」データ)と十分なコンピューター処理能力(今なら何千ものプロセッサーを持つデータセンター)があれば、ただ待って、学習アルゴリズムが必要なものを自力ですべて発見するのに任せればいい。ディープラーニングの元になっている、多くの層で抽象化を進めるアイデアは直観的なものである。視覚(手書きの数字や顔画像)だけでなく多くの用途で、抽象化の層を考えることができる。こういう抽象的表現を発見することは、予測のために役立つだけでなく、抽象化によって問題をよりよく表現し理解することもできる。

もうひとつの好例が自然言語処理で、この場合に良い特徴抽出器、つまり良い隠れた表現の必要性が最もよくわかる。ある言語の単語間の関係を表すための「オントロジー」という、事前に定義されたデータベースの研究が行われてきて、この種のデータベースはある程度うまくいく。しかし、このような関係は多くのデータから学習するのがいちばんいい。抽象化のさまざまなレベルで階層を学習するディープネットワークはそのための方法になりうる。オートエンコーダーと再帰的オートエンコーダーは、こうしたディープアーキテクチャーの構成要素になる良い候補だ。再帰的オートエンコーダーは、学習された隠れた表現が現在の入力だけでなく以前の入力にも依存するように教育される。

機械翻訳を考えてみよう。英語の文から始めて、膨大な英語のコーパスから自動的に学ぶ多層の処理と抽象化で英語の語彙、統語、意味規則などをコード化して、最も抽象的な表現に到達する。ここでフランス語の同じ文を考える。フランス語のコーパスから学ぶ処理層は異なるだろうが、ふたつの文が最も抽象的な、言語から離れたレベルで同じ意味なら、よく似た表現になるはずだ。

言語理解は、所定の文から高レベルの抽象的表現を抽出する符号化（エンコード）のプロセスであり、言語生成は高レベルの表現から自然言語の文を合成する復号（デコード）のプロセスである。翻訳においては、元言語で符号化して目標言語で復号する。対話システムでは、まず質問を抽象的レベルまで符号化し、それを処理して抽象的レベルの返答にしてから、それを復号して返答の文にする。

ひとつのディープネットワークがひとつの脳をつくるのではない。ディープネットワークはまだ比較的制約された領域で動作しているが、ネットワークが大きくなってより多くのデータで教育されるにつれて、日に日に目覚ましい結果を出している。

第5章 クラスターとレコメンデーション

データ中にグループをみつける

入力と出力（たとえば車の属性と値段）があって、入力から出力へのマッピングを学習するのを目的とする教師つき学習については、すでに述べた。教師が正しい値を教えると、できるかぎり望ましい出力に近づくようにモデルのパラメーターが修正される。

これから、事前に決められた出力がなく、入力データだけがある「教師なし学習」の話をする。教師なし学習の目的は、入力中にある規則性をみつけて、通常はどうなるかを見ることにある。入力空間にはあるパターンがほかのパターンより出やすい構造があるため、一般に何が起きて何が起きないかを知りたい。

教師なし学習の一つの方法である「クラスタリング」は、入力のクラスターすなわち集団をみつけることにある。統計学ではその集団を「混合モデル」という。

会社の場合、顧客データには年齢、性別、郵便番号などの人口動態情報のほか、会社との過去の取引情報が含まれている。会社はどんな種類の顧客が多いかを知るために、顧客プロフィールの分布を知りたいかもしれない。その場合、クラスタリングモデルで属性が似た顧客たちを同じグループに振り分けることによって、顧客の自然なグループ分けをする。これを「顧客セグメンテーション」という。グループがわかったら、会社はグループごとのサービスと製品などの戦略を決めるだろう。これを「顧客関係管理」（ＣＲＭ）という。

こうしたグループ分けによって会社は外れ値、つまりほかの顧客と違う人びとを特定することもできる。ということは、市場のニッチとして開発できるし、さらに調査が必要な、たとえば移り気な顧客の特定にもつながる（図５・１参照）。

さまざまな領域で、小さな変化を繰り返す規則性とパターンが見られるだろう。それをプリミティブとして発見し無関係な部分（つまりノイズ）を無視することもまた、圧縮方法のひとつになる。たとえば画像の場合、入力はピクセルでできているが繰り返される画像パターン、たとえばテクスチャーやオブジェクトなどを解析することによって規則性を特定できる。これによって、より高レベルで単純で役に立つ表現ができ、ピクセルレベル

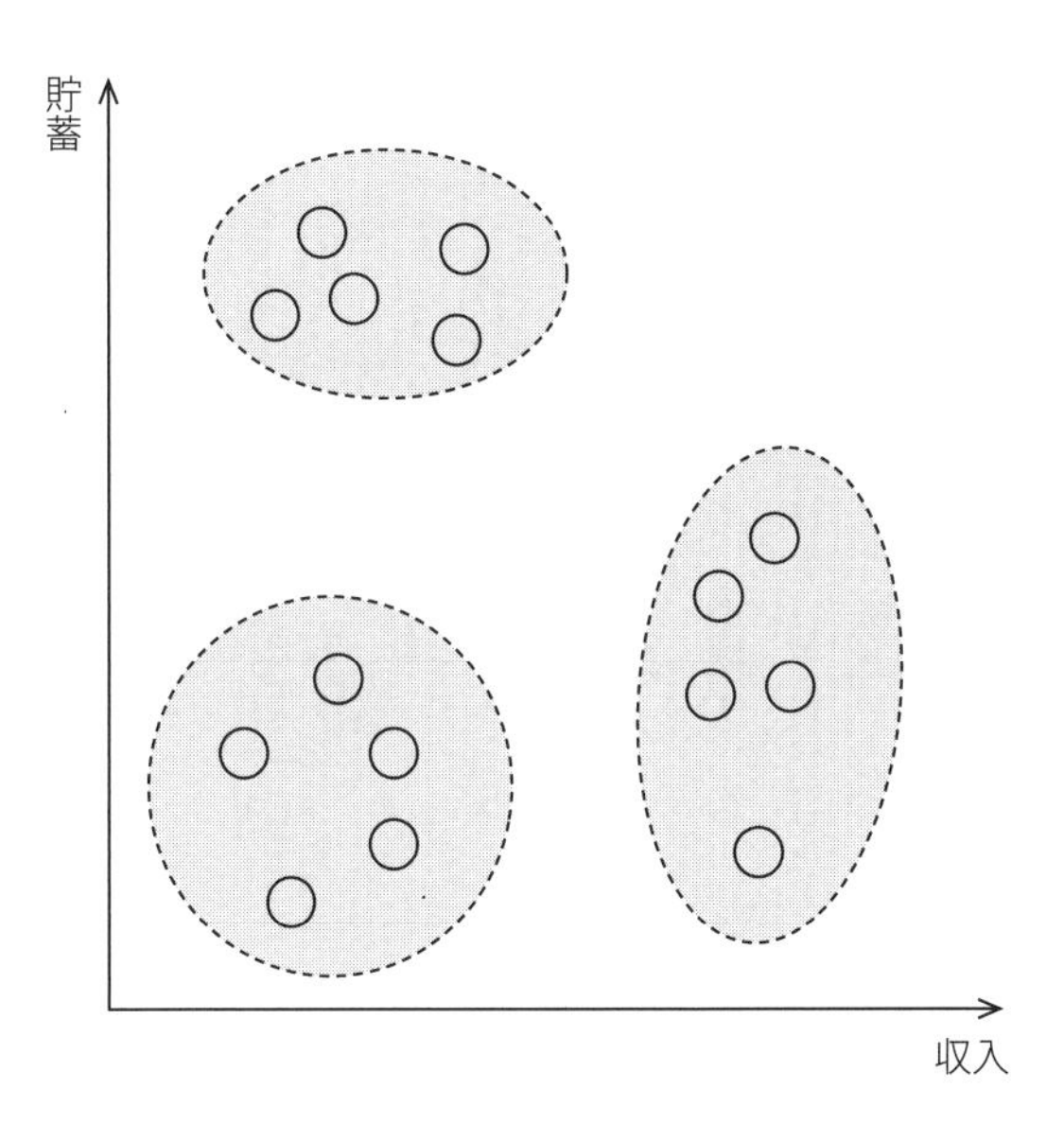

図5.1 顧客セグメンテーションのためのクラスタリング。顧客ごとの収入および貯蓄情報がある。ここでは顧客の3つのグループがある。このグループ分けによって各グループの特徴を知り、それぞれ別べつの取引を決めることができる。これを顧客関係管理という。

で圧縮するより良い圧縮ができる。文書をスキャンしたページにはランダムなオン／オフピクセルはなく文字のビットマップ画像がある。データには構造があって、データを向きの違う線でより短く表したものをみつけることによって、この冗長性を利用することができる。さらに進んで、それらの線がなんらかの方法で組み合わされて文字をつくるのを発見できたら、画像より短い文字のコードを使うことができる。

「文書クラスタリング」は類似の文書をグループ化することを目的とする。たとえばニュース記事を政治、スポーツ、ファッション、アート関係などに細分化する。個々の文書を、文書の種類を反映する辞書を使った単語の袋と考えて、共通の単語の数に応じてグループ分けする。もちろん、辞書の選び方が決定的に重要な意味を持つ。

教師なし学習法はバイオインフォマティクス（生物情報学）でも使われる。ゲノムの中のDNAは「生命の設計図」で、塩基A、G、C、Tの配列でできている。DNAからRNAが転写され、RNAからタンパク質が翻訳される。タンパク質は生体がつくるものでもあり、生体そのものでもある。ちょうどDNAが塩基の配列であるように、タンパク質は（塩基に規定される）アミノ酸の配列でできている。分子生物学にコンピューター科学を適用した一分野が、ある配列を別の配列にマッチングする「アラインメント」である。これは文字列マッチングだが、文字列が非常に長いとか、照合すべき文字列テンプレートが多いとか、削除、挿入、置換があったりするため難しい。

クラスタリングは、タンパク質のなかで繰り返し出現するアミノ酸配列である「モチーフ」の学習にも使われる。モチーフは、それらが特徴づける配列内の構造的または機能的要素に対応する可能性があって、興味深い。たとえて言えば、アミノ酸が文字でタンパク質が文だとすると、モチーフは単語、つまりさまざまな文で頻繁に出現する、特定の意味を持つ文字列のようなものだ。

クラスタリングは、データ内に自然に存在するグループを特定する「探索的データ解析」法として使用できる。その場合たとえば、それらのグループをクラス分けしラベルづけして、のちにそれらの分類を試みる。会社だったら、顧客のクラスタリングを行って区分をみつけてから、ある目的（たとえば大量販売）に向けてラベルをつけ、分類子が新たな顧客の挙動を予測するように教育することができる。だが重要な点は、どんなベテランでも予想できなかっただろうクラスターがありうることで、それが教師なしのデータ駆動型解析の力で検出できる。

ときにはクラスが多数のグループでできている、光学式文字認識（ＯＣＲ）の場合を考えてみよう。数字の7の書き方は2とおりある。アメリカ式では「7」だが、ヨーロッパ式では真ん中に横棒が入っている「7」（「1」と区別するためで、ヨーロッパ式の1は手書きでは頭に短い線をつける)。こういう場合、標本に両大陸からの例が含まれていると、7のクラスはふたつのグループの混合として表さなければならない。

同じようなことが音声認識でも起こる。その場合は、発音、アクセント、性別、年齢などによって、同じ単語でも違うように発せられることがある。たとえば、トマトを「トメイト」という人もいれば「トマート」という人もいる。したがって、統計的正確さを期すためには、普遍的な単一の言い方がないかぎり、さまざまな言い方を全部、等しく有効な選択肢として示さなければならない。

クラスタリングアルゴリズムは実例を、入力の表現(入力属性のリスト)に基づいて計算された類似性によってグループ分けし、実例間の類似性はそれらの属性の類似性を組み合わせることによって測定する。用途によっては、わざわざ属性のリストをつくってそれぞれの類似性を計算しなくても、元のデータ構造に応じて直接、実例間の類似度を決定することができる。

ウェブページのクラスタリングを考えてみよう。ウェブページではテキスト領域に加えて、見出しやキーワードなどのメタ情報、またはリンクを張ったり張られたりしている共通のウェブページの数の類似性などが利用できる。これによって、ウェブページのテキストに載っている単語の袋を用いて計算したものより、ずっと良い類似度が得られる。用途にもっと適した類似度（それがわかった場合だが）を使えば、より良いクラスタリング結果が得られる。これが、「スペクトラルクラスタリング」の基本概念である。

このように用途に特化した類似性表現は、一般に「核関数」という名でグループ化される教師つき学習の用途でもよく使われる。「サポートベクターマシン」[*1]は、分類でも回帰でも使われる、この種の学習アルゴリズムである。

「階層的クラスタリング」も実行できる。その場合はクラスターの平面的なリストの代わりにレベルが異なるクラスターの樹木構造をつくり、木の上部にあるクラスターは小さいクラスターに細分化する。この種のツリーは、生物学の研究（最も有名なのはリンネの分類法）や人間の言語でなじみ深い。クラスターが小さいクラスターに分かれる理由のひとつは「系統発生」つまり進化的変化（小さい突然変異が時間とともに徐々に蓄積した結果、ひとつの種がふたつに分かれる）だが、類似性の理由が違う場合もあるだろう。

具体的にはクラスタリング、一般的には教師なし学習の目的は、データの構造をみつけることにある。（たとえば分類の）教師つき学習の場合、この構造は教師から与えられる。教師は異なるクラスを特定し、それらのクラスごとにトレーニングデータの実例にラベルをつける。教師から与えられるこの追加情報はもちろん役に立つが、それがバイアスの元になったり人為的境界線をつくったりしないように、常に気をつけなければならない。また、「教師のノイズ」と呼ばれるラベルづけのエラーもありうる。

ラベルのないデータのほうがよほどみつけやすく安くつくので、教師なし学習は重要な研究領域である。音声認識の場合、ラジオ局がラベルのない音声データ源になる。ラベルのないデータから基本的特徴を抽出して代表的なものを学習すれば、のちにさまざまな目的用にラベルづけすることができる。赤ん坊は生まれてから数年間は周りを見回してすごし、さまざまな条件下で物や顔を繰り返し見るうちに、おそらく自分の「基本的特徴抽出器」と、代表的な組み合わせによって物体を形づくることを学ぶのだろう。のちに言語を学んだとき、それらの物の名前を学ぶ。

レコメンデーション（推薦）システム

第1章で機械学習の用途として、顧客の行動を予測するための「レコメンデーションシステム」の話をした。顧客の売買についての大きいデータセットがあれば、「Xを買う人はYも買う傾向がある」という形の「相関ルール」をみつけることができる。この法則は、Xを買った顧客はかなりの割合でYも買ったことを意味している。そこで、Xを買ったがYを買っていない顧客をみつけたら、Yを買う見込みがある顧客として目標にすることができる。XとYは製品だったり、著者、訪れる都市、動画などなどだったりする。人は毎日、とくにネットサーフィンをしているときに、この種のお勧めの例をたくさん見ている。

このターゲティングがしばしば使われ、膨大なデータセットから法則を学習するための効果的なアルゴリズムが提案されているなかで、最近は生成モデルを利用する興味深いアルゴリズムが提案されている。

思い出そう。生成モデルをつくるとき、データがどのように生み出されると思うかを考えるのだった。したがって顧客の行動の場合、その行動に影響する原因を考える。人は行き当たりばったりに物を買うのではないことがわかっている。購入行動は世帯構成（同居者の人数、性別、年齢）、収入、嗜好（それもまた、出生地などほかの因子の結果である）など、いくつかの因子によって決まる。ポイントカードを発行して情報をある程度集める会社もあるが、実際問題としてはそれらの因子のほとんどがわからない隠れた因子で、目に見えるデータから推察するしかない。

とはいえ、その因子もまちがっていたり不完全だったりすることがあるので、それらに頼りすぎると道を誤ることになりかねない。また、すぐには考えつかない因子や、意外に重要性の低い因子もある。そういうわけで、データから因子を学ぶ（発見する）のが、いつでも最良の方法だ。

価値（たとえば買値）が目に見える商品も多いかもしれないが、買うかどうかは少数の隠れた因子に左右される。ある顧客の隠れた因子を推測できれば、その顧客が今後何を買うか、より正確に予測できる。

そういう隠れた因子を引き出せば、製品間のつながりを知ろうとするより、ずっと良いモデルをつくることができる。隠れた因子が「家にいる赤ん坊」だったら、買う物はおむつやミルク、ウェットティッシュなどだろう。したがって、これらの製品の2点間や3点間の相関ルールを学習しなくても、過去の購入品から隠れた赤ん坊因子を推測できれば、それがきっかけになってまだ買っていないものを推測できる。

実際には、この種の因子はたくさんある。それぞれの顧客が多くの因子に影響され（または規定され）、それぞれの因子が製品のサブセットの誘因となる。因子の値は0か1ではなく連続数で、こうした「分散表現」によって顧客をより豊かに表すことができる。

このアプローチは、データをふたつの部分に分解することによって構造をみつけるのを目的としている。第1の部分、すなわち顧客と因子のマッピングでは（重みが異なる）さまざまな因子で顧客を定義する。第2の因子と製品のマッピングの部分では因子を（重みが異なる）製品で定義する。数学では、行列を使ってデータのモデルをつくるため、このアプローチを「行列分解」という。

こうした隠れ因子による生成的アプローチは、ほかの多くの用途でも理にかなっている。映画を推薦する場合を考えてみよう（図5・2参照）。いくつかの映画のソフトを借りた顧客たちがいる。また、彼らがまだ観ていない映画もたくさんあり、そのなかから推薦したい。この問題の第1の特徴は、顧客も映画もたくさんあるが、データが「少ししかない」ことにある。どの顧客も映画全体のほんの一部しか観ていないので、ほとんどの映画は顧客のほんの一部にしか観られていない。こうしたことを考慮すると、新たな映画や新たな顧客がデータに加わっても、うまく一般化して予測できる学習アルゴリズムでなければならない。

この場合も、顧客の年齢や性別などの隠れ因子が考えられ、それによってアクションもの、コメディなど特定のジャンルが有望な選択になる。分解を用いて、それぞれの顧客を因子（別べつの比率で）によって定義することができ、各因子が特定の映画を（別べつの確率で）誘引する。これは、2本ずつの映画の間に法則をみつけようとするより簡単だし安くつく。ここでも、このような因子は事前に決められたものではなく学習中に自動的に発見されたものだということに注目しよう。一方で、それらを解釈する、または意味づけをすることは、必ずしも簡単ではないかもしれない。

もうひとつ考えられる適用分野として、「文書のカテゴリー化」がある。[*2] 文書がたくさ

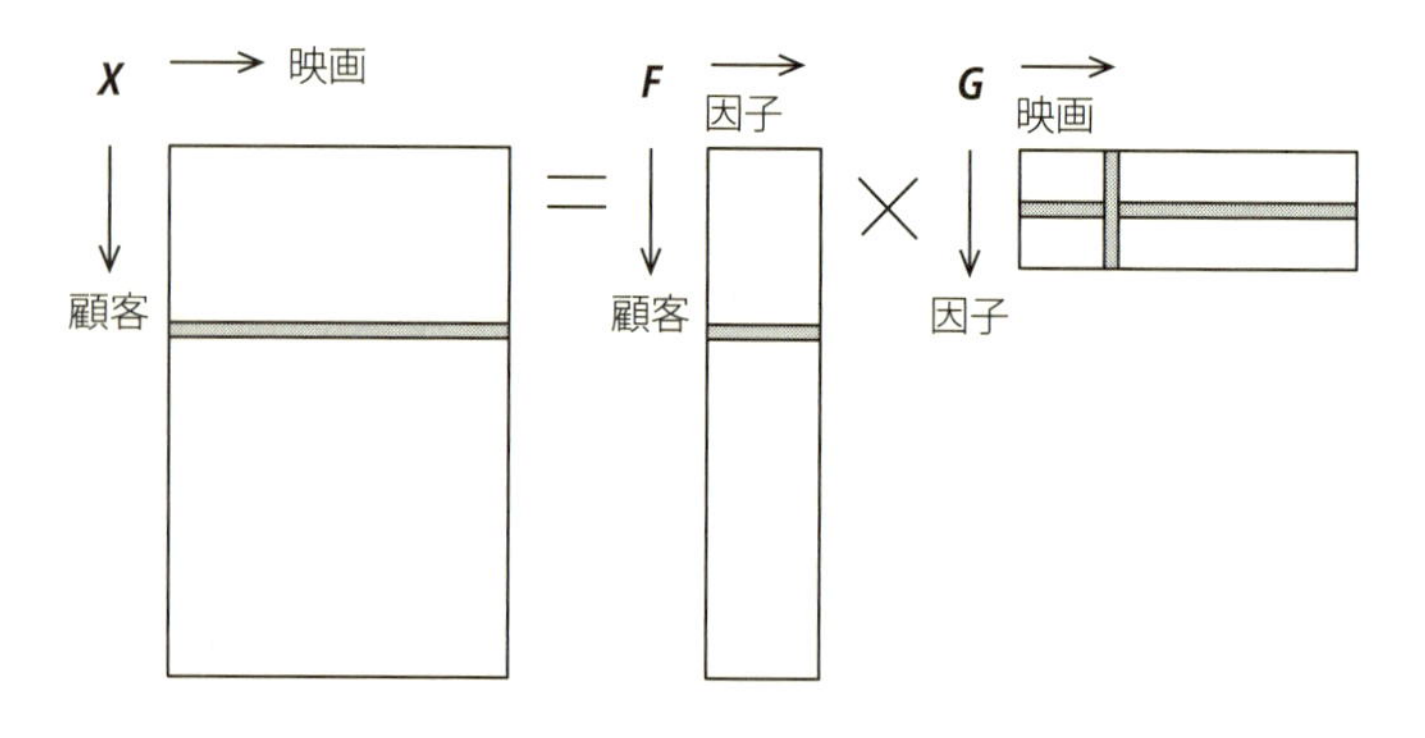

図5.2 映画推薦のための行列分解。データ行列 X の各行に、ひとりの顧客が映画につけた点数が入っているが、そのほとんどが空欄になる（その顧客は他の映画を観ていないから）。それは行列 F と G に分解される。ここで F の各行は因子のベクトルで定義されるひとりの顧客であり、G の各行は映画に対する 1 因子を定義する。G の各列に因子で定義された 1 本の映画が入っている。因子の数はふつう、顧客や映画の数よりずっと少ない。ということは、データの複雑さを決めるのは因子の数で、それをデータ行列 X のランクという。

んあって、それぞれが一定の単語の袋で書かれているとしよう。ここでもデータは少なく、各文書は少数の語しか使っていない。ここで、隠れ因子をトピックと解釈することができる。記者が記事を書く場合、あるトピックについて書きたいわけだから、各文書は一定のトピックの組み合わせで、それぞれのトピックは可能なあらゆる語の小さいサブセットで書かれている。これを「潜在意味インデキシング」という。これは明らかに、「単語Xを使う人は単語Yも使う」というような法則をみつけようとするより理にかなっている。

隠れた因子によってどんなふうにデータが生成されるか、またそれらがどんなふうに組み合わされて目に見えるデータを生み出すのかを考えることは重要で、それによって推測過程をずっと簡単にすることができる。ここで述べているのは、隠れ因子の影響を合計する加法モデルである。モデルは必ずしも線形ではなく（たとえば、ある因子が別の因子を抑制するかもしれない）、データから非線形生成モデルを学習することが、機械学習における目下の重要な研究方向のひとつになっている。

第6章 行動するための学習

強化学習

チェスを学習する機械をつくりたいとしよう。自分と相手それぞれの盤上の駒が見られるカメラがあるとして、勝てる駒の動かし方を知りたい。

この場合、ふたつの理由で教師つき学習は使えない。第1に、各局面で最良の指し手を教える教師に多くのゲームを指導させると、莫大な費用がかかる。第2に、多くの場合、最良の手などというものはない。ある手の良し悪しは、次の手によって決まるからだ。単一の手では決められず、最終的にゲームに勝てば、一連の指し手が良かったと言える。最後に勝負がついて初めて、真の判定が下る。

もうひとつ、迷路でゴールの場所をみつけるロボットの例を挙げよう。ロボットは東西南北のうち1方向に動くことができ、それを何度か繰り返してゴールに到達する。ロボットが動き回っている間はなんの反応もなく、ロボットはいろいろ動いてみてゴールに到達する。そのとき初めて報酬をもらう。この場合、敵はいないが、たどる道は短いほうがいい（ロボットはバッテリーで動く）。ということはこの場合、時間と対戦していることになる。

これらふたつの用途には共通点がいくつかある。「エージェント」という意思決定者が「環境」中にいる（図6・1参照）。チェスの例ではチェス盤がゲームをするエージェントの環境であり、ロボットの例では迷路がロボットの環境である。環境はいつでもある状態――それぞれ盤上の駒の位置と迷路中のロボットの位置――にある。エージェントが一連の行動を決める。つまりチェス盤上で駒をルールに沿って動かし、ロボットが障害物にぶつからないようにいろいろな方向に動かす。選ばれて実行されたら、局面が変わる。

この仕事を実施するには一連の行動が必要で、「報酬」という形でフィードバックが与えられる。学習を難しくするのは報酬がなかなかもらえず、一般に一連の作業が完了したあと（何度も駒を動かして勝負がついたとき）にならないと来ないということだ。報酬は仕事の目的を規定するもので、学習を望むなら、なければならない。エージェントは仕事を達成する最良の連続行動を学習する。その場合、「最良」とはできるだけ早く最大の報酬を受けられる一連の行動で表される。これを、「強化学習」という。[*1]

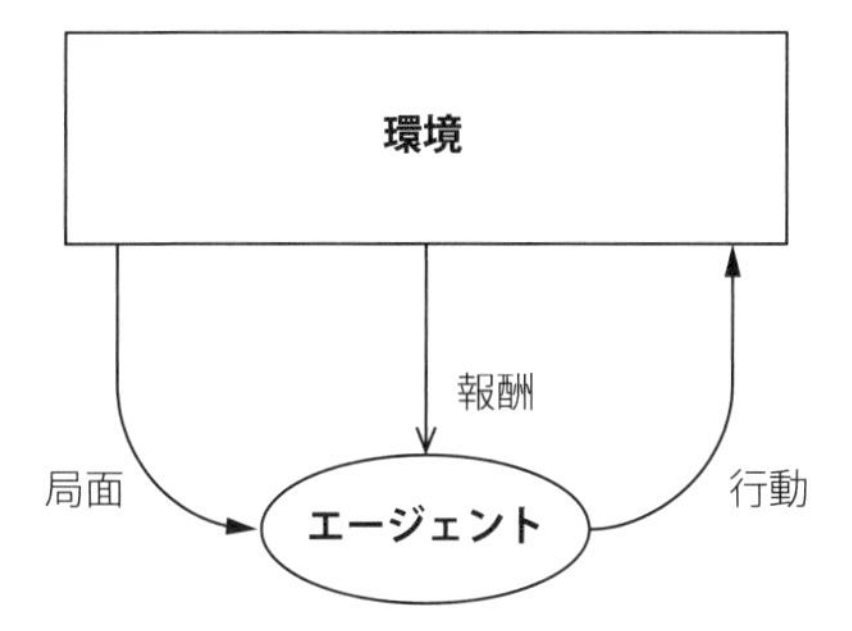

図6.1 エージェントが環境と相互作用する強化学習の概要。環境がどういう局面でもエージェントが行動をとり、その行動によって局面が変わる。報酬はもらえることももらえないこともある。

局面

強化学習は、これまでに述べた学習方法といくつかの点で異なる。それは、教師つき学習に対して「批評家つき学習」と呼ばれている。批評家は、何をすべきかは教えず、過去にしたことの良し悪しだけを教える点が教師と違う。批評家が事前に教えることは決してない。批評家からのフィードバックは少なく、来るとしても遅く来る。これによって「信頼度割り当て」問題が生じる。いくつか行動をとって報酬を得たら、過去にとった個々の行動を評価して報酬を得られた動きをみつけ、それらを記録してあとになって思い出せるようにしたい。

じつは、強化学習プログラムが行うのは、中間的状況または行動が、ゴールに導き報酬を得るのにどの程度良いかという「内部値」を生み出すことである。こういう内部報酬メカニズムが学習されたら、エージェントは各局面で報酬が最大になる行動をとることができる。仕事を達成するには、こうして選ばれた、最高の現実的報酬を累積的に生み出す「一連の」行動が必要である。

これまで述べてきた例と違って、この場合はトレーニングデータを供給する外部過程がない。環境中で行動を試すことによって盛んにデータを生み出し、報酬という形のフィードバックを受ける（または受けない）のはエージェントだ。エージェントは次にそのフィードバックを使って知識を修正し、やがて最高の報酬を得る行動を学ぶ。

K本腕のバンディット

まず単純な例から見ていこう。「K本腕のバンディット」とは、K個のレバーを持つ仮想のスロットマシンである。その行動はレバーのひとつを選んで引き、一定の金額を得ることで、それがそのレバー（行動）関連の報酬になる。仕事は、報酬を最大にするためにどのレバーを引くかを決めることだ。

これは、K個のうちひとつを選ぶ分類問題で、もしもこれが教師つき学習なら、先生が正しいクラス、つまり最高に儲かるレバーを教えてくれるだろう。だがこの場合の強化学習では、レバーをいろいろ試してみて最良のレバーを記録するしかない。

すべてのレバーに最初に推定した値はゼロ。環境を調査するために、レバーのひとつを無作為に選んで報酬を見ることができる。その報酬がゼロより大きかったら、それを当該行動の内部報酬推定値として保存することができる。次に、再びレバーを選ぶ必要が生じたときに同じレバーを引き続き引いて、プラスの報酬を受け取ることができる。しかし、別のレバーを引いたほうが、もっと高い報酬を得られることもあろうから、プラスの報酬をもたらすレバーを発見したあとでも、別のレバーを試したい。方法を設定する前に、代替案を十分に調べたことを確認する必要がある。全部のレバーを試して知るべきことをすべて知ったら、最大の価値を生み出す行動を選ぶことができる。

ここでは、ひとつのレバーでは常に同じ報酬が得られることが想定されている。実際のスロットマシンでは報酬は運任せで、同じレバーでも引くたびに報酬が違うことがある。そういう場合、「期待報酬」を最大にしたいのだが、行動の内部報酬推定値は同じ状況における全報酬の平均になる。ということは、ある行動が良いかどうか知るには一度やってみるだけでは足りず、何度もやってみて観察結果（報酬）をたくさん集めて、平均の適切な見積もりを計算する必要がある。

K本腕のバンディットは1状況1スロットマシンだから、強化学習問題を単純にしたものといえる。一般には、エージェントがある行動を選ぶと、報酬を得るか得ないかだけでなくエージェントの状況も変わる。環境中の隠れ因子のせいで、エージェントの次の状況もまた不確定であり、そのため同じ行動でも報酬や次の状況が変わる可能性がある。たとえば、ギャンブルにはランダム性がある。その種の運のゲームではサイコロを使っ

これが教師つき学習なら、
先生が正しいクラス、
つまり最高に儲かるレバーを
教えてくれるだろう。
だがこの場合の強化学習では、
レバーをいろいろ試してみて
最良のレバーを記録するしかない。

たり、トランプの札を引いたりする。チェスのようなゲームではサイコロもトランプもないが、どんな手で来るか予測できない対戦相手がいる。それもまた不確実性のもとになる。ロボット環境では障害物が動く場合があるし、ほかのエージェントが知覚を遮ったり動きを制限したりする場合がある。センサーにはノイズがあるかもしれないし、アクチュエーターをコントロールするモーターは完全にはほど遠いかもしれない。ロボットは先に進みたいのに、損傷のせいで右か左にそれるかもしれない。これらはすべて不確実性をもたらす隠れ因子で、いつものように不確実性の影響を平均して期待値を予想する。

K本腕のバンディットが単純化されるもうひとつの理由は、ひとつの行動のあとに報酬を得るからである。報酬は遅れることなく、行動の値がすぐにわかる。チェスの場合や部屋の中で目的の場所をみつけるのが仕事のロボットの場合、報酬は最後、つまり報酬その他のフィードバックをもらわずに多くの行動をしたあとでなければ来ない。

強化学習では、実際の報酬を得るための中間的行動の良し悪しを予測（これを行動の「内部報酬見積もり」という）できるようにしたい。最初は何もわからないから、すべての行動の報酬見積もりはゼロである。学習のためのデータが必要なので、ある行動を試して報酬を得られるかどうか見る「調査」をする必要がある。その後、この情報を用いて内部見積もりを修正する。

調査すればするほどデータが集まり、環境について、また行動の良し悪しについて、より多く知ることになる。行動の報酬見積もりが十分に良いレベルに達したと思ったら、「利用」を開始できる。その場合、内部報酬見積もりに従って最高の報酬が得られる行動をとる。あまり知見がない初めの頃は、ランダムに行動を試し、知見が増えるにつれて徐々に、調査から利用に移行する。つまり、ランダムな選択から内部報酬見積もりに基づく選択をすることになる。

時間差学習

なんらかの状況と行動について、その状況と、その行動から始めて予測される累積報酬を知りたい。これは、来るべき報酬と状況におけるすべてのランダム性発生源の平均なので、「期待値」である。ふたつの連続する状況・行動ペアの予測される累積報酬は「ベルマン方程式」で表され、それを用いて次に述べるようにあとの行動から前の行動へと報酬をさかのぼる。

ロボットがゴールに向かう最後の動きを考えてみよう。ゴールに着くわけだから、報酬をもらう。それを仮に１００としよう（図６・２参照）。ここで、直前の状況と行動を考えてみる。その状況で、ある行動をとった。それは、すぐに報酬をもたらしたものではない（まだゴールの一歩手前にいたから）が、あとひとつの行動で丸まる１００の報酬をもらえるというところまで到達した。そこでこの報酬の値引きをして、たとえば9掛けにする。報酬は将来のことであり、将来は当てにならないからだ。「明日の百より今日の五十」とことわざにもある。ということは、ゴールの一歩手前の状況・行動には90の「内部報酬」があると言える。

留意すべきは、まだゴールに着いていないから、そのときの実際の外部報酬はまだゼロということだが、ゴールからほんの一歩手前まで来ているから自分で内部報酬を与えることができる。同様に、その行動のひとつ手前でも内部報酬81が得られ、引き続きそれ以前の行動すべてに内部値を割り当てることができる。もちろん、これは一度のテストケースにすぎない。何度もテストをして、そこには不確実性があるから各回のテストで異なる報酬を見て異なる次の状況に進み、それら内部報酬見積もりの全部を平均する必要がある。これを「時間差（ＴＤ）学習」という。各状況・行動対の内部報酬見積もりをQとし、それを修正するアルゴリズムをQ学習と呼ぶ。

実際の報酬が得られるのは最後の行動だけであって、中間的行動の値はシミュレーションした報酬である。それは目的ではなく、いずれ実際の報酬に至る行動をみつける手助け

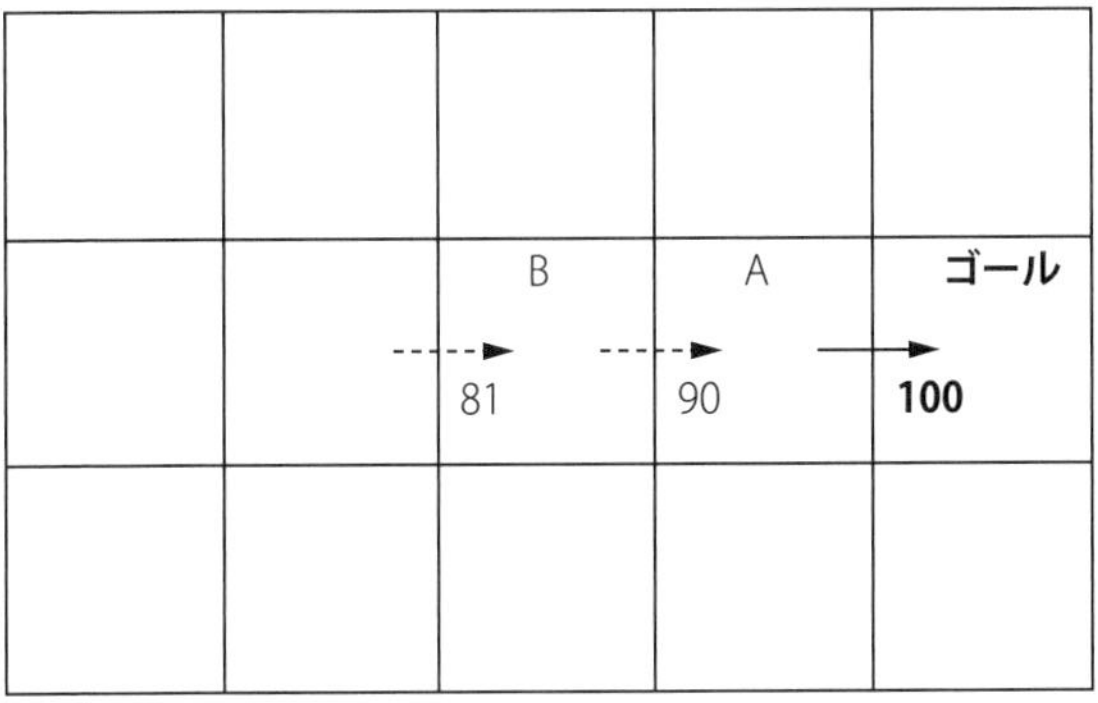

図6.2 報酬逆算による時間差学習。状況Aにいるとき、うまくいけば実際の報酬100が得られる。その直前の状況Bなら、正しい行動をすれば（つまり、うまくいけば）、もう1行動で実際の報酬を得られるAの位置に着く。したがって、無事にBに着いても報酬がもらえるようなものである。しかし、まだ1歩手前でありシミュレーションした内部報酬で実際の報酬ではないから、値引き（この場合は9掛け）される。BからAに行っても実際の報酬はゼロであり、内部報酬90とは、実際の報酬獲得への近さを示しているだけである。

にすぎない。ちょうど、学生が学校でいろいろな科目の成績で評点をつけられても、それは学生が実際の報酬を得られるかどうかをシミュレーションした報酬にすぎず、実際の報酬が得られるのは卒業して社会の一員になってからのことであるのと同じである。

この方法のある種の適用例では、環境が「部分的に見える」だけで、エージェントは状況を正確には知らない。センサーが観察結果をフィードバックすると、それを使って環境の状況を予測する。部屋の中を移動するロボットがいるとしよう。ロボットは自分が部屋の中のどこにいるかや、部屋の中にほかに何があるかを知らないかもしれない。ロボットはカメラを持っていてもいいが、映像はロボットに環境の状況を正確には教えず、単にそれらしい状況をある程度教えるだけ、たとえばロボットの左に障害物があるという程度のことかもしれない。

こういう場合、観察結果に基づいてエージェントが状況を予想する。もっと正確に言えば、観察結果に基づいて各状況にある確率を予測したうえで、それらの確率によって重みをかけた、ありうるすべての状況を修正する。この追加の不確実性のせいで仕事はずっと難しく、また問題の学習が難しくなる。[*2]

強化学習の適用

強化学習の早期の適用例のひとつに、プログラムと対戦してバックギャモンの遊び方を学ぶ「ＴＤギャモン」プログラムがある。[＊3] このプログラムは、やはりゲイリー・テザウロがつくった、熟練者の対戦に基づいて教師つきで学習した、以前の「ニューロギャモン」プログラムより優れている。バックギャモンは状況が約10^{20}ある複雑なゲームで、対戦相手がいるうえにサイコロをころがすことによるランダム性も加わる。時間差学習の１バージョンを使って、プログラムは自分のコピーと１５０万回対戦してマスターレベルの手腕を身につける。

強化学習アルゴリズムは教師つき学習アルゴリズムより遅いが、明らかに用途が広く、より良い学習機械をつくれる可能性がある。[＊4] この種のアルゴリズムには教師の必要がないため、教師のバイアスがないという利点がある。たとえばテザウロのＴＤギャモンプログラムはある種の状況で、最高のプレーヤーの手よりも良い手を考え出した。

最近のすばらしい研究では強化学習とディープラーニングを組み合わせてゲームをしている。[＊5] その「ディープＱネットワーク」は（画像解像度が低かった１９８０年代のゲームの）

画面の84×84の画像を直接とる畳み込みニューラルネットワークでできており、その画像とスコア情報だけを使ってゲームをすることを学ぶ。トレーニングはＥｎｄ－ｔｏ－Ｅｎｄ［前処理をかけたり複数のモデルを組み合わせたり］、またピクセル情報から行動まで徹底的に行われる。同じアルゴリズム、ネットワーク基本構造とハイパーパラメーターを持つ同じネットワークで、いろいろあるゲームのどれでも学習できる。人間のプレーヤーと同程度に腕がいいプログラムは、プログラマーが予想も期待もしなかったおもしろい戦略を思いつく。

ごく最近、同じグループが「アルファ碁」プログラムをつくった。[*6] これもディープ畳み込みネットワークと強化学習を組み合わせたもので、この場合は囲碁を打つ。入力するのは19×19路の碁盤で、最良の手を選ぶ［専門家の経験］ように学習するポリシーネットワークと、対戦に勝つためのその手の良し悪しを評価する［専門家の勘］学習をするバリューネットワークがある。ポリシーネットワークはまず、熟達者の大量のデータベースで学習したあと、自分自身と対戦することによる強化学習でさらに腕を磨く。アルファ碁は２０１５年にヨーロッパの囲碁のチャンピオン樊麾(ファンフイ)を５勝０敗で下し、２０１６年３月には世界最強の囲碁棋士のひとり李世乭(イセドル)を４勝１敗で制した［２０１７年４月～５月に柯潔(かけつ)と対局を行い３局全勝を挙げた］。

強化学習アルゴリズムは教師つき
学習アルゴリズムより遅いが、
明らかに用途が広く、より良い
学習機械をつくれる可能性がある。
この種のアルゴリズムには
教師の必要がないため、
教師のバイアスがないという
利点がある。

これらのアプローチを、入力がより複雑で行動セットも大きい、より複雑な状況に拡大することが、現在の強化学習の課題のひとつである。これらのシステムの最も重要で優れた特徴が、生の入力から行動まで、知覚と行動というふたつの部分の間に仮の中間表現なしにトレーニングが行われることである。たとえば、同じアプローチをチェスに適用するのが難しいであろうことは想像に難くない。チェス盤が碁盤より小さいとはいえ、チェスの駒は全部同じではないから。

この種のEnd‐to‐Endトレーニングがゲームのほか、中間処理または表現がデータから自動的に学習される仕事にも適用できるかどうかを考えるのもおもしろいだろう。たとえば、翻訳アプリで英語を話したら、通話相手にはフランス語になって聞こえるスマートフォンなど、どうだろう。

第7章　これからどこへ行くのか

賢くなれ、勉強しろ

機械学習はすでに、実現可能な技術であることが証明されており、その適用は多くの領域で日に日に増えている。データを収集し、それを使って学習するという流れは、近い将来さらに強まると予想される。[*1] ちょうど科学者が科学の各領域で何百年間そうしてきたように、データ解析によって過去のデータに埋まっているプロセスを理解するとともに将来のプロセスの動向も予測できる。

数十年前、コンピューターのハード面での進歩の単位はマイクロプロセッサーだった。8ビットから16ビット、さらに32ビットとマイクロプロセッサーが新しくなるたびに、単位時間での計算処理が少し多くなり、記憶容量が少し大きくなり、その結果コンピューターが少し賢くなった。同様に、コンピューターのソフト面での進歩の単位はプログラミング言語だった。新しい言語はそれぞれ、新しいタイプのコンピューター処理をプログラムにとって簡単にした。コンピューターが複雑な計算に使われたときは、Ｆｏｒｔｒａｎ（フォートラン）でプログラムした。業務用アプリケーションにはＣｏｂｏｌ（コボル）を使った。その後、コンピューターがあらゆる種類の複雑な情報を処理するようになると、オブジェクト指向言語が開発され、それによってより複雑なデータ構造を明らかにし、特化したアルゴリズムでそれを扱った。

その後、コンピューター処理の進歩の単位はオペレーティングシステム（ＯＳ）になり、新しいＯＳができるたびにコンピューターが使いやすくなり、新しいアプリケーション群を支えた。今では、コンピューター処理は高性能デバイスかスマートアプリを丸ごと進化させるようになっている。昔、コンピューター処理の進歩を決めたキーパーソンはハードウェアの設計者だったが、その後ソフト開発者に、さらにコンピューターの前に座っているユーザーになり、今は誰でも何かをしている人になっている。

新しいマイクロプロセッサーを、首を長くして待っている人はもういないし、新しいプログラミング言語にも新バージョンのＯＳにも、もうニュースバリューはない。今、人が待っているのはデザイナーが賢くした、または賢くなろうと学習する、次の新しいデバイスかアプリなのだ。

生活がどんどんデジタル化するのにつれて、私たちはデータをどんどん生み出している。最初期のパソコン用ハードディスクの容量は5メガバイトだったが、今は代表的なコンピューターで500ギガバイトあり、およそ30年間で10万倍になっている。ほどほどに大きいデータベースには現在、数百テラバイトが保存され、すでにペタバイトの単位まで使われ始めている。一足飛びに次の単位であるエクサバイト（＝千ペタバイト＝百万テラバイト）を使うようになるのも時間の問題だろう。記録容量が大きくなるとともに、処理も安価に速くできるようになった。それというのも、速いコンピューターチップと同時に作動する数千のプロセッサーを内蔵する並列アーキテクチャーを製造する技術のおかげで、それぞれの内臓プロセッサーが大きい問題の一部を処理している。

汎用パソコンから特化された高性能デバイスに移行する流れもまた、加速すると思われる。第1章で、団体や組織がコンピューターセンターから、相互に接続した多数のコンピューターと記憶装置を分配設置する方式に移行したと述べた。今は同様の変化が個々のユーザーに起きている。人はもう、全データを1台のパソコンに保存してすべての処理を行っているのではなく、データをどこか遠くのデータセンターの「クラウド」に保存し、所有しているすべての高性能デバイスからアクセスできるようにして、アクセスするときはその都度、必要な部分にだけアクセスしている。

「クラウド」というのはコンピューター処理のニーズをすべて取り扱うバーチャルなコンピューターセンターのことで、人はアクセスできさえすればいつでも、どこでどうやって処理が行われるのかとか、どこにどうやってデータが保存されるのかなどを気にする必要がない。これは、以前は「グリッドコンピューティング」と呼ばれ、相互に接続した発電機と消費者からなる配電網に似た仕組みになっている。消費者は、手近なコンセントにテレビのプラグを差し込めば、電気がどこから来るのかなど考えはしない。

このことは、より速いネット環境に接続できることを意味する。ストリーミング音楽・動画は現在すでに可能な技術になっている。自宅の棚に並べているCDとDVD（それもかつてアナログLPやビデオテープに取って代わったものだったが）が今や無用になって、「すべての」歌や映画を保存する見えない保管庫に座を奪われている。電子書籍とデジタル購読サービスが紙の書籍と書店を駆逐する勢いで、検索エンジンがずいぶん前に分厚い百科事典をドアストッパーにした。

高性能デバイスのおかげで、もう何百万人もの人が同じ歌や映画や本を各自常に持っている必要はない。「買わずに借りろ」が今の標語だ。買うのは高性能デバイス、またはアプリ、または購読サービスと、必要なときはいつでもアクセスできるネット環境でいい。

この変化とアクセスのしやすさによって、新しい「パッケージ」と製品の販売方法が発生する。たとえば、昔はLPとCDはいくつかの歌が入った「アルバム」に相当した。それが今は、個々の歌を借りることができる。同じように、今は短編集を買わずに短編一作を買うことができる。

第5章で、機械学習をレコメンデーションシステムで使う話をした。共有データとストリーミングが増えるにつれて解析するデータも増え、そのうえデータが詳しくなるだろう。たとえば、ある人がある歌を何回聴いたか、または小説をどこまで読んだかわかるようになっている。そして、その種の情報は、その人物がその製品をどれだけ気に入ったかの尺度として使うことができる。

モバイル技術の進歩に伴って、ウェアラブルデバイスへの関心が絶えない。ウェアラブルデバイスのひとつであるスマートフォンは今や、電話をはるかに超える存在になっており、腕時計やメガネなど、より小型のハイテク「物」をオンラインにつなぐ媒介もしている。スマホは、近い将来にもっと高性能になる可能性がある。たとえば即時通訳用のアプリを使えば、こちら側で自国語を話すと相手の人物には自動的に相手の国の言葉に変換されて聞こえる。話した内容が構文と意味のうえで正しいだけでなく、話者の声で、アクセントとイントネーションも正しく伝わるのだ。

機械学習は、ますます複雑になっている世界を理解するのに役立つ。私たちはすでに、自分たちのセンサーが対処したり脳が処理したりできる以上のデータにさらされている。現在オンラインで入手できる情報の宝庫には膨大なデジタルテキストが含まれていて、多すぎてとても手動では処理できない。この目的に使う機械学習を「マシンリーディング」という。

今、キーワードだけを使うものより賢い検索エンジンが必要だ。昨今は情報がさまざまな情報源や媒体に分散しているため、それらすべてを探して回答を知的に融合させなければならない。そういうさまざまな情報源は、違う言語で書かれているかもしれない。たとえば、質問が英語でされたにもかかわらず、フランス語の情報源のほうにそのテーマの情報が多いかもしれない。質問から画像や動画のデータベースの検索が始まることもあるだろう。それでもなお、全体的に結果はユーザーが消化できるように要約され、濃縮されていなければならない。

「ウェブスクレイピング」とは、プログラムが自動的にウェブサーフィングをしてウェブページから情報を引き出すことをいう。そのウェブページはソーシャルメディアの場合もあり、たとえば話題になっているトピックを追う場合や製品と人（選挙中の政治家など）についての感情、意見、考えなどを知ろうとする場合などに、蓄積された情報を学習アル

機械学習は、
ますます複雑になっている
世界を理解するのに役立つ。
私たちはすでに、
自分たちのセンサーが
対処したり脳が処理したり
できる以上の
データにさらされている。

ゴリズムで解析する。機械学習がソーシャルメディアで使われる、もうひとつの重要な研究分野が、つながっている人びとの「ソーシャルネットワーク」を割り出すことである。こうしたネットワークを解析することによって、同じ考えを持つ人びとの小集団をみつけたり、情報がどのようにソーシャルメディアで伝播するかを追跡したりすることができる。

現在の研究方向のひとつが、あらゆる種類の従来の道具と装置（たとえばメガネや腕時計などの装着物）を賢くする、すなわちデータの収集と処理、およびそれを他のオンライン装置と共有する能力を高めることである。こうしたスマートデバイスが増えると、解析するデータが増え、そこから有意義な推測が生まれる。さまざまな装置とセンサーが仕事のさまざまな側面を収集する。そこで、そのたくさんの様相を結びつけることが決定的に重要になる。ということは、あらゆる種類の新たな興味深いシナリオとアプリケーションで、学習アルゴリズムが使えることを意味する。

高性能デバイスは職場でも家庭でも役に立つ。機械学習は、自分の環境を学習してユーザーに合わせることができ、最小の教育でユーザーの最大の満足を生み出すことができるシステムをつくるのに役立つ。

スマートカー［自動運転車］の分野で重要な研究が行われている。オンライン状態の乗用車（またはバス、トラックなど）が乗客に、あらゆる種類のオンラインサービス、たとえばストリーミング動画をデジタル「インフォテインメント」［情報・娯楽の両要素の提供を実現する］システムで配信することができる。オンライン状態の車はメンテナンス目的のデータを交換し、道路と天候状態についてのリアルタイムの情報にアクセスすることもできる。人が困難な状況で車を運転しているとき、1マイル先の車が1マイル先のセンサーになる。

しかし、オンラインになっていることより重要なのが、車が自分で運転できるほど賢くなるのがいつかということだ。車はすでに、自動速度制御装置、セルフパーキング、車線維持などの支援システムを持っているが、まもなくもっと有能になるだろう。究極の目標は、車が運転の仕事を完全に引き受けることで、そのための自律走行車の試作品がすでにできている。

人間の運転者の視覚系は解像度があまり高くなく、また前方しか見えない。サイドミラーとバックミラーで視野は多少広がるものの、盲点は残る。それに反して「自動運転車」は、解像度が高い全方向のカメラを搭載でき、またGPS、超音波、暗視装置などの人間にないセンサーを使うこともできるし、LIDAR（ライダー）という、レーザーを使って距離を測る特殊なレーダーを搭載することもできる。スマートカーはほかにも、天候などあらゆる種類の情報にもずっと速くアクセスできる。電子ドライバーなら反応時間がずっと短い。

機械学習が自動運転車で大きな役割を果たして、その結果滑らかな運転、速いコントロール、優れた燃費だけでなく、歩行者、自転車、交通信号なども高い感度で自動認識するだろう。自動運転車は安全でスピードも速くなるだろう。とはいえ、問題もある。レーザーとカメラは悪天候（雨、霧、雪など）のなかでは効果が落ちる。どんな天候下でも走れるスマートカーができるまで技術が進歩する必要がある。

今後10年のうちに、自動運転車とロボットタクシーが都市部と幹線道路で運転を肩代わりするようになると期待されている。最初は指定された道路で、その後ふつうの道路の一部で適用されることになるかもしれない。また、今後10年程度のどこかで、車とドローンが融合して自動操縦の空飛ぶ車ができて、機械学習によってうまく操縦されるようになる可能性が非常に高いと思われる。

機械学習には、仕事を明確にプログラムしなくても学習できるという基本的な利点がある。宇宙もまた、機械学習の新しい領分になるだろう。将来の宇宙飛行は無人になる可能性がたいへん高い。以前は、賢くて多才な機械がなかったから人間を送る必要があったが、今では有能なロボットがある。人間が乗らなければ積み荷が軽くて単純になり「積み荷」を送り返す必要もなくなる。ロボットが堂々と、誰も行ったことがない所に行くとしたら、それは学習するロボットでしかありえない。

高性能コンピューター処理

データがどんどん大きくなると、容量が大きく「かつ」速くアクセスできる記憶システムが必要になる。処理能力が必然的に大きくなって、その結果、より多くのデータを、それほど時間をかけずに処理できるようになる。ということは、大量のデータを保存できて大量の計算を高速でできる高性能コンピューターシステムが必要になる。

光速や原子の大きさなどという物理的限界はあるが、転送速度の限度を上げ、[*2] 基本的電子機器の大きさの限度を下げることが考えられる。これを解決する自明の策は並列処理である。並行する8本の通信線があれば8個の情報を同時に送ることができ、8個のプロセッサーがあれば8個の情報を同時に、ひとつの情報を処理する時間で処理できる。

今では並列処理はコンピューターシステムで日常的に使われている。なにしろ数千個のプロセッサーを内蔵して同時に稼動させる強力なコンピューターがある。それに、1個の演算器に多数の「コア」があって単純な処理を同時に行えるマルチコアマシンもあって、1個のフィジカルチップが並列処理を実行する。

しかし高性能コンピューター処理は単にハードウェアの問題ではなく、さまざまなアプリケーションの計算結果とデータを膨大な数のプロセッサーと記憶装置に効率よく分配する、良好なソフトウェアインターフェースも必要だ。実際、現在のコンピューター科学と工学では、ビッグデータの並列および分散型処理用のソフトとハードが重要な研究分野になっている。

機械学習では、学習アルゴリズムの並列化がますます重要になっている。データのさまざまな部分をさまざまなコンピューターで並列処理してモデルを教育したあとで、それらのモデルをひとつに統合することができる。ほかに、ひとつのモデルの処理を多数のプロセッサーに分散することもできる。たとえば、数千のユニットが多層になっているディープニューラルネットワークで、別べつのプロセッサーが別べつの層や層のサブセットを処理することができるし、ストリームデータをパイプライン方式［処理要素を直列に連結し、ある要素の出力が次の要素の入力になるように処理する方式］でずっと速く処理することもできる。

「画像処理装置」（GPU）はもともと、グラフィカルインターフェース（テレビゲーム機器など）での高速処理と画像転送のためにつくられたのだが、画像用に使われた並列処理および転送は、機械学習の多くの作業に適している。実際、ソフトウェアライブラリーがこのためにつくられており、GPUはさまざまな機械学習アプリケーションで研究者や実務者が頻繁に、そして効果的に使っている。

機械学習の適用も「クラウドコンピューティング」に向かう傾向があって、その場合は必要なハードウェアを買って保持するのではなく、離れた場所にある「データセンター」を借用する。データセンターは実在の場所で、膨大な数のコンピューターサーバーと多数のプロセッサーおよび豊富な記憶装置が収容されている。一般的に別べつの場所に多数のデータセンターがあって、すべてがネットワークでつながっており、作業は自動的に分配され、別べつの顧客から別べつのときに来た、異なる大きさの負荷が平均化されるように一方から他方へ移動される。これらの要件のすべてが現在、かなりの研究に拍車をかけている。

クラウドの使用で重要なもののひとつが、高性能デバイス、とくにモバイル機器の機能を拡大することである。これらオンラインの低容量機器がどこからでもクラウドにアクセスしてデータを交換したり、単独で行うには大きすぎたり複雑すぎたりする処理を依頼することができるようにする。スマートフォンでの音声認識を考えてみよう。スマホで音響データをとらえ、基本的特徴を抽出してクラウドに送る。実際の認識はクラウドで行い、結果をスマホに送り返す。

コンピューター処理においては、ふたつの並行する流れがある。ひとつは、データセンターのサーバーで使われるような、別べつの作業を別べつの目的用にプログラムすることができる汎用コンピューターをつくること、もうひとつは特化した入力および出力とともにパッケージされた、特定の作業用に特化したコンピューターデバイスをつくることである。後者は「埋め込みシステム」と呼ばれていたが、昨今は現実世界で作動して相互作用することを強調して「サイバーフィジカルシステム」と呼ばれている。あるシステムが多数のユニット（一部はモバイル機器でもいい）でできていて、ユニットがネットワークで相互接続していることもありうる。たとえば車、飛行機や家にさまざまな仕事をする多くの装置があるような状況だ。この種のシステムを賢くする、つまりユーザーを含む環境に適応できるようにするのが、重要な研究方向である。

データマイニング

「データマイニング」の適用において機械学習は最も重要ではあるが、ひとつのステップにすぎない。[*3] 事前のデータ処理もあれば、事後の結果の解釈もある。

データをマイニング向けにするには、いくつかの段階がある。第1に、分野が多岐にわたる大きいデータベースから関心のある部分を選んで、作業対象となる小さいデータベースをつくる。データが別べつのデータベースから来る場合もあるから、その場合はマージする必要がある。詳細さの度合もさまざまで、たとえば業務データベースから個々の取引ではなく毎日の合計を引き出して利用するかもしれない。生データには間違いや矛盾が含まれていたり、一部が欠けていたりする場合があるから、前処理段階でそれらを処理しておく必要がある。

抽出後、データを「データウェアハウス」［複数のシステムから、必要なデータを収集し、目的別に再構成し、時系列に蓄積した統合データベース］に保存して解析する。データ解析の種類のひとつに手動式があって、その場合は「ビールを買う人はポテトチップも買う」というような仮説を立てて、データが仮説を裏づけるかどうか調べる。ここでのデータはスプレッドシートの形をしていて、横列にデータの例（買い物かご）、縦列に属性（商品）が入っている。データを概念化するひとつの形「多次元データキューブ」がある。そこでの次元は属性であり、データ解析作業はキューブに対する作業、たとえばスライス、ダイスなど［ユーザーがあらゆる角度からデータを見るための分析手法］と定義される。このようなデータの手動分析と結果の可視化は、「オンライン分析処理」（ＯＬＡＰ）ツールで簡単に行うことができる。

ＯＬＡＰは人間の手によるもので、人が思い描くことができる仮説しかテストできないので、制限的である。たとえば、買い物かご分析において、遠い商品ペア間の関係は発見できない。それを発見するには、機械学習アルゴリズムで行うようなデータ駆動型分析を必要とする。

データからモデルを構築するのに、各章で述べた分類、回帰、クラスタリングなどのどの手法も使える。一般的には、データをトレーニング集合とバリデーション集合のふたつに分ける。前者はモデルを教育するのに使い、その後、バリデーション集合で予測精度を測定する。トレーニングに使わなかった事例で検証することによって、教育されたモデルを後に現実世界で使ったらどの程度有効かを推測したい。バリデーション集合の精度が、教育されたモデルの合否を決める主要な基準のひとつになる。

ある種の機械学習アルゴリズムは「ブラックボックスモデル」を学ぶ。たとえばニューラルネットワークで入力があるとネットワークが出力を計算するが、中間層で何が起きているかを知るのは難しい。一方、決定木で見られるようなｉｆ－ｔｈｅｎルールは解釈可能で、その適用を知っている人（機械学習は知らないかもしれないが）はｉｆ－ｔｈｅｎルールをチェックして評価することができる。多くのデータマイニング（たとえば信用評価）で、データで教育されたモデルを検証するのに、この知識抽出と熟練者によるモデル評価が重要であり、必要でさえあるかもしれない。

この場合は可視化ツールも役立つ可能性がある。実際、可視化はデータ解析の最良のツールのひとつであって、ときにはデータをうまく可視化するだけで複雑なデータセットの根底にあるプロセスの特徴を知るのに十分で、それ以上、複雑で費用がかかる統計処理の必要がない場合がある。[*4]

データと処理能力が増えるにつれて、より複雑な状況で隠れた関係をみつけようとする複雑なデータマイニング作業を試みることができる。ほとんどのデータマイニング作業が、今では単一ドメインで単一のデータ源を使って行われる。とくに興味深いのが、さまざまな情報源からのさまざまな様相のデータがある場合で、その種のデータのマイニングを行い情報源および様相間の依存性をみつけることが有望な研究方向である。

データのプライバシーとセキュリティ

たくさんのデータがあるとき、それを分析することによって貴重な結果が得られる可能性がある。歴史上、データの収集と分析の結果、医学から天文学まで多くの分野で人類にとって重要な発見があった。現在、デジタル技術が広く使われるようになったおかげで、多くの新しい領域でデータを素早く正確に収集解析できるようになっている。

データが増えて詳細になり、目下の重要ポイントは「データのプライバシーとセキュリティ」になっている。[*5] 人のプライバシーを侵害せずにデータを収集処理していること、またデータが当初の意図を超えた目的で使用されないことを、どうすれば確認できるだろうか。

医療や安全性の領域では、データ収集と解析の利点を社会の人びとが知っていると考えられる。また、それほど決定的に重要ではない小売りのような場合でも、人は常に自分の好みに合わせたサービスや商品を喜ぶ。それでも、私生活がのぞかれていると感じたい人はいないだろう。たとえば高性能デバイスが、私たちの生活の詳細を記録して許可なく公表するデジタルパパラッチになるようなことがあってはならない。

データを生み出すユーザーが常に、どんなデータがどれだけ収集され、そのうちのどの部分が保管されるのか、そのデータはなんらかの目的のために分析されるのか、もしそうなら、その目的は何か、を知っていることが必須要件である。企業は、収集して解析するデータについて完全に透明でなければならない。

さらに、データが収集され使用されている間、データの所有者はそのことを常に知らされていなければならない。解析の前にデータを「サニタイズ」[入力データから、ＨＴＭ

Lタグなどを検出し、他の文字に置き換えること」して、個人の詳細情報はすべて隠して匿名にしなければならない。データの匿名化は簡単な作業ではない。たとえば人に関する記録から名前や社会保障番号など人物を特定するものを削除するだけでは、十分ではない。生年月日、郵便番号なども少しずつ手がかりになって、それらを組み合わせれば人物を特定できる。[*6]

データはきわめて貴重な生の情報源になりつつあるから、データを収集する者はそれを安全に保管し、データ所有者の明確な承諾なく他者に知らせないよう、あらゆる手段を講じるべきである。

個人はそれぞれ、自分のデータを徹底して管理しなければならない。常に、自分のどんなデータが収集されたか調べる手段をもち、データの訂正または完全削除を要求することができなければならない。

最近の研究の一環として「プライバシーを保護する学習アルゴリズム」というのがある。さまざまな情報源からデータは集まってくるが（たとえば、さまざまな国に同じ病気の患者がいるとか）、中心的ユーザーがすべてのデータを結合してモデルを向上させることにデータ（市民についての詳細情報）を使うことを、情報源が望まないとしよう。そういう場合、可能性のひとつは十分に匿名化した形でデータを共有すること、もうひとつは、別べつの部分で別べつのモデルをトレーニングし、その複数モデルを共有する、または別べつにトレーニングされたモデルを結合することである。

データのプライバシーとセキュリティに関する心配はデータ解析の切り離せない部分だから、学習を行う前に解決しておかなければならない。データのマイニングはまさに金の採掘と同じで、掘り始める前に必要な許可をすべてとったことを確認する必要がある。将来は、すべてのデータセットにこの種の所有者・許可情報についてのメタデータが含まれるというデータ処理基準ができるかもしれない。そうなれば、機械学習またはデータ解析ソフトがチェックして、必要な承認スタンプが押されているときだけ作動するようになるかもしれない。

データサイエンス

ビッグデータによる機械学習の進歩と成功、またさらなる成功の気配から、研究者と財界の専門家たちが、これを科学と工学の新分野に位置づけた。この「データサイエンス」という新分野の対象範囲についてはまだ議論があるものの、大きいテーマとして機械学習、高性能コンピューティング、データのプライバシー・セキュリティがあるようだ。

もちろん、学習アプリケーションのすべてがクラウドやデータセンター、またはコンピューター群を必要とするとは限らない。古い製品を売るために新しくしゃれた名前を考えるとき、人は常に誇大広告と会社の販売戦略を気にしなければならない。とはいえ、たくさんのデータと多くのコンピューター処理を行う過程があるとき、機械学習を効率的に実行することが重要事項になる。[*7] もうひとつ、切っても切れないのがデータ解析と処理の倫理的・法的問題だ。たとえば、収集して解析するデータが増えるにしたがって、さまざまな決定がますます自動化されデータ駆動型になるであろうが、そうした自律的プロセスとその決定が持つ意味に注意を払わなければならない。

現在、データとデータから情報を抽出することの重要性が多くの方面で認識されていることから、将来は多くの「データサイエンティスト」と「データエンジニア」が必要になりそうだ。こういう状況には、従来の統計学の応用とは大きく異なる特徴がある。

第1に、現在のデータはずっと大きくなっている。スーパーマーケットチェーンで発生する全売買を考えてみよう。各事例について何千もの属性がある。データはもう数値だけではなく、テキスト、画像、音声、動画、ランキング、頻度、遺伝子配列、センサー、クリックログ、レコメンデーション（推薦）リストなどが含まれている。時間データのほとんどは、統計学で推定をしやすくするために使われる鐘形ガウス曲線［正規分布］などのパラメトリック仮定に従わない。そのため新しいデータについては、複雑さをデータの根底にあるタスクの複雑さに自動的に合わせることができる、順応性のあるノンパラメトリックモデルを用いる必要がある。これらの要件のすべてによって機械学習は、かつてなじみのある統計よりさらに困難なものとなっている。

教育においては、これは統計学の課程を広げて新たなニーズを満たし、よく知られているが今では不十分な、たいていは1変量（入力属性がひとつである）の、推定、仮説検定、および回帰のパラメトリック法を超えて教える必要があることを意味している。また、現実世界のアプリケーションではデータを効率よく保存して操作することが、予測精度と同程度に重要になっている可能性があるため、高性能コンピューターのハード・ソフト両面の基本を教えることも、昨今は必要になっている。データサイエンスの学生はデータのプライバシーとセキュリティの基本も知る必要があり、データの収集と解析が、倫理と法でどういう意味を持つのかを知っておかなければならない。

機械学習、人工知能と今後

機械学習は人工知能をつくるひとつの方法である。データセットを使って学習させたり、強化学習で反復試行させたりすることによって、パフォーマンス基準を最大にするように振る舞うコンピュータープログラムをつくることができ、それが状況によっては知能があるように見える。

ひとつ重要なポイントは、知能は曖昧な言葉で、コンピューターシステムのパフォーマンス評価に使えると言えば誤解を招く恐れがある。たとえば、チェスのように人間には難しい課題についてコンピューターを評価することは、コンピューターの知能を評価するのには良い考えではない。チェスが人間にとって難しいのは熟考と計画性を必要とするからで、人間はほかの動物と同じように、限られた感覚データと限られた計算を用いて瞬間的に決定するように進化してきた。コンピューターにとっては、チェスをするより対戦相手の顔を認識するほうがずっと難しい。人間の知能はチェスのような課題のために進化してきたわけではないから、コンピューターが最強のチェスの名人に勝てるからといって、コンピューターのほうが知能が高いという指標にはならない。

研究者は人工知能を評価するのにゲームを使う。それは、ゲームには正式なルールと、勝ち負けを明確に示す基準があって、比較的判定しやすいからだ。一定数の駒やカードがあり、ランダム性があったとしても、その形式は十分に定義されている。サイコロは公正でなければならず、トランプのカードは均質でなければならない。それに反することを企てれば、いかさまとみなされる。現実生活ではあらゆる種類のランダム性が発生するから、どの種も生き残るために他の種より上手にごまかせるようにゆっくり進化している。

重大な問題は、知能があると考えられる振る舞いのパフォーマンス基準は何か（つまり、どうやって知能を測るか）、またそうしたパフォーマンス基準が明らかでない作業があるかどうかということだ。ある種の決定には倫理と法の問題が一役買うことは、すでに述べた。

データで教育されて自律決定するコンピューターシステムが増えるにつれて、コンピューターに頼りすぎることを考え直す必要がある。ひとつ大事なことは、ソフトウェアシステムの検証と確認、つまりシステムがすべきことをしてすべきでないことをしていないのを確認することだ。これは、データで教育されるモデルにはとりわけ難しいかもしれない。なぜなら教育にはデータと最適化のあらゆる種類のランダム性が関わっているからで、そのため教育されたソフトウェアはプログラムされたソフトウェアより予測しにくい。もうひとつの心配は、データの一般的振る舞いを学習するモデルは、表現不足のケースや外れ値について良い決定ができない可能性があるということだ。

たとえば、過去の使用歴と好みに頼りすぎてレコメンデーション（推薦）することには重大なリスクがある。ある人が、以前に聴いて気に入った歌に似た歌だけを聴く、または以前に観て気に入った映画に似た映画を観る、または以前に読んで気に入った本に似た本を読むとしたら、新しい経験はなく、その人にとっても、常に新しい商品をみつけたがっている会社にとっても限界になる。そこでレコメンデーション作戦には、なんらかの多様性を導入しようとする試みもなければならない。

最近の研究[*8]によれば、ソーシャルメディアでのやりとりにも同じようなリスクがあるという。ある人が、過去に読んだものに似た投稿やメッセージやニュースに同意して読む人びとだけをフォローするとしたら、他の人びとの意見を知らず、比較的広範囲のニュースと意見を報道する新聞やテレビのような従来のニュースメディアと違って、自分の経験を限定することになるだろう。

知能が形体を持ち、システムが物理的行動をとるようになったとき、振る舞いの正しさがさらに重要な問題になり、人命さえ危険にさらす恐れがある。そうなるために、システムが武器を積んだドローンである必要はなく、自動運転車も運転が悪ければ武器になる。こうした心配が現実のものになりそうなとき、通常の期待値や実用的方法は当てはまらない。「トロッコ問題」で説明されているが、その一変形を次に示そう。

自動運転車に乗っているとき、突然子どもが道路に飛び出してきたとしよう。車が猛スピードで走っているため止まれないことがわかっているとする。しかしハンドルを右に切って子どもを轢かないようにすることはできる。だが、子どもの母親が道の右側に立っているとしたら、自動運転車はどうしたらいいだろう。前進して子どもを轢くか、ハンドルを右に切って母親を轢くのか？　その決定は、どうプログラムする？　それとも、自分の生命は子どもや母親の命より価値が低いと計算して、ハンドルを左に切って車ごと崖から落ちるか。

　人工知能が持ちそうな力を多くの研究者が心配しており、当然ながら規制が要求されている。名高い研究者で人工知能についての代表的な本[*9]を共著したスチュアート・ラッセルは最近受けたインタビュー[*10]で、無制限の知能は無制限のエネルギーと同じくらい危険な可能性があり、制御されない人工知能は核兵器と同じくらい危険な可能性があると言っている。課題は、この新しい知能が善用されて悪用されず、少数者の利益を増やすためでなく人びとの福利向上のため、人類の利益のために使われるようにすることにある。

　人工知能の研究によって、いつか金属の怪物が人間を支配するようになるのではないかと早合点して恐れる人もいる。つまり、フランケンシュタイン博士の創造物の電子版だが、それは疑わしいと思う。しかし今でも、車から商取引に至るさまざまな用途で、人間のために決定する自動システム（一部はデータを使って教育される）がある。スーパーインテリジェント機械が出現する可能性より、下手にプログラムされたり下手に教育されたりしたソフトウェアを恐れるほうが理にかなっていると思うのだが。

おわりに

現在、ビッグデータがあるが、明日のデータはもっとビッグだろう。センサーはどんどん安くなっているから、もっと広範囲に、もっと細部にわたって使われるだろう。コンピューターもまた、処理能力が高くなっている。それでも、研究者が新しい技術とグラフェンのような軽くて強い材料を発見するから、物理的限界はさらに遠く、もっと進歩すると思われる。新製品は３Ｄプリンターを使ってずっと速く設計製造され、製品の多くがハイテクであることを要求されるだろう。

データも処理能力も増えれば、教育されたモデルはますます賢くなれる。現在のディープネットワークではディープさが足りない。限られた状況で手書きの数字や物のサブセットを認識する程度の抽象化は学習できるが、光景を認識する人間の視覚野の能力には遠く及ばない。人間は大量の文書から言語的抽象化を学ぶことができるが、たとえば短編小説についての質問に答えるように、それを本当に理解することはとうていできない。つまり、学習アルゴリズムがどのように進歩するのかという疑問に、まだ答えが出ていない。つまり、ディープネットワークにどんどん層を加え、データをどんどん増やして教育すれば、視覚野のように良いモデルをつくれるのだろうか。大量のデータで巨大なモデルを教育することで、ある言語から別の言語に翻訳するモデルをつくれるのだろうか。人の脳はそういうモデルなのだから、答はイエスのはずだ。しかしこの進歩はだんだん難しくなる可能性がある。人間はそのためのハードウェアを持って生まれるとはいえ、最初の文を発する前に何年間か環境を観察する必要があるのだ。

視覚においては、バーコードから光学式文字読み取り装置（ＯＣＲ）、顔認識装置へと進むにつれて、一連の作業がだんだん複雑になる。その作業のそれぞれが必要なことを解決し、それぞれがその時どきの商品である。研究開発に拍車をかけるのは、科学的好奇心というより資本化のプロセスなのだ。学習システムが賢くなるにつれて、システムはますます賢い製品とサービスに使われるようになる。

過去半世紀間、コンピューターが人の生活で新しいアプリケーションをみつけるにつれて、生活もコンピューター処理が容易になるように変わってきた。同じように、装置が高性能になるにつれて、人が住む環境とその中での生活も変わるだろう。各時代にそのときの技術を用い、それが環境とその制約を決め、制約が新発明と新技術を推進する。もしも二千年昔に戻ってローマ人に携帯電話の技術を教えることができたとしても、まだ馬に乗っている、つまり生活のほかの面がそれに伴っていないローマ人たちの生活の質を大きく高めるとは思えない。人間並みの知能を機械に求める世界がやって来たら、それはまったく違う世界だろう。

そのレベルの知能にいつ届くのか、そしてどれだけの処理と教育が必要なのか、まだわからない。今のところ、それを達成するのに機械学習がいちばん有望そうだから、この方針で行こう。

訳者あとがき

昨今、マスコミなどでＡＩの話題を見ない日はないほどだが、数十年前から翻訳者だった私が初めて関心を持ったＡＩは、機械翻訳だった。今でも忘れない、「(ある人物が) タバコは吸わない。酒も…」という文を「Tobacco doesn't smoke. And sake…」と訳す、笑い話のようなレベルだったが、早晩、翻訳者はいらなくなるという噂もあった。しかし自然言語というものは、それほど与しやすくはないようで、私は今でも細ぼそと翻訳稼業を続けられている。ＡＩの研究が低調な時期もあった。

それが息を吹き返したとき、世間の耳目を集めたのがチェス、将棋、囲碁などの勝負だった。一部の研究者がＡＩ研究の象徴として熱心に取り組んだ結果、チェスのチャンピオンがコテンパンにやられても、将棋は取った駒を使える分、複雑だから大丈夫、囲碁はもっと難しい、と言われた。２０１６年に囲碁の高段者が囲碁ソフトに敗れ、将棋も、最近どうも旗色が悪い。ソフトは高位の棋士と対局して勝つだけでなく、プロ棋士どうしの対局中に各局面で最良手を示してくれるという。高位の棋士が対局中に、スマホで将棋ソフトを見てカンニングしたと疑われた事件まであった。どこかの国の大学入試でもあるまいし。この調子でいくと、将棋の棋士は「人間で何位」と言われるようになるのだろうかと思っていたところに、藤井聡太四段が登場した。将棋ソフトを使って腕を上げ、ソフトの上をいくひらめきを発揮している。先日は、ソフトが示した手とはまったく違う手を指して、勝ってしまった。これだ。日ごとに生み出される膨大な棋譜データをどんどんソフトに食べさせて、出されたものを「はい、ごくろうさん」と上手に利用すればいい。

また、チェス、囲碁、将棋はＡＩの象徴ではない。狭い範囲で優れている「特化型」にすぎず、幅広い分野で人間並みのことができる「汎用型」ＡＩは、当分できそうにない。たとえて言えば、３歳前後の歌舞伎役者ちゃんたちが初舞台で立派に口上を述べ、かわいくもしっかりと舞台を務めながら、まだおむつをしているようなものだ。身体と相互作用できてこその知能だという意見もある。その、身体と連動する知能については近刊予定の『ロボット（仮題）』で。

本文に書いてあるように、昔のコンピューターは大きい施設の１フロアを占めていた。それがどんどん小さくなって、今ではモバイル型のデバイスでも立派にコンピューターの役割を果たしている。一方、クラウドコンピューティングは雲のなかでデータの処理や保存をしているわけではなく、膨大な数のサーバー、プロセッサー、さらに記憶装置を備えた地上の多数のデータセンターが、ネットワークでつながっているとのこと。データは絶えず、怒濤の勢いで増えていく。これを「dataquake」というらしい。データ洪水（「dataflood」）ではなく「quake」というところが、地響きをたててやってくる様子を感じさせるではないか。すると、データセンターもどんどん増やすのだろうか。不要になったデータを消去するのも、なかなか簡単ではなさそうだが。それとも、コンピューターが小型になっていったように、クラウドも小規模にできるのだろうか。多種多様なデータがもう、兆の風になって飛び交っている。

機械学習の立役者であるディープラーニングはなかなかたいしたもので、ビッグデータを与えるだけでＡＩが勝手に学習して、教えていないことまでできるようになるという。過去の膨大なデータを咀嚼して新聞記事を書けるというから、ずいぶん賢い。小説も書けるという話だが、「これは小説だ」と本人（本ソフト）が言えば通る場合もあるので、さほど尊敬はしないが。

本書は、詳しくプログラムしなくても、データと過去の例に基づいて自分でアップデートしていくコンピュータープログラムについて、コンピューター科学の歴史も踏まえながら一般読者向けに書かれたもので、日ごとに進歩しているこの分野の基本を説明したうえで、中古車の値段を見積もるなどの適用例を示している。一般向けのため、機械学習やディープラーニングについて専門的な詳しい説明はない。それについては同じ著者の『Introduction to Machine Learning』を読んでほしいとのことだが、あいにく邦訳は出ていないようである。

著者のエテム・アルペイディン氏はイスタンブールにあるボアズィチ大学のコンピューター工学教授。文面から、たいへん真面目な先生と拝察される。せっかく用語解説がついているものの、ＩＴの説明文にはありがちなことながら、必ずしも丁寧な説明にはなっていなくて申し訳ない。

この本の翻訳刊行にあたって、日本評論社の佐藤大器氏にたいそうお世話になった。この場をお借りしてお礼を申し上げる。

２０１７年７月　　久村典子

用語解説

（＊の項目は用語解説あり）

アルファベット

■**if-thenルール**

「IF（先行条件）THEN（結果）」という形で書かれる決定規則。先行条件は論理条件で、入力が正しければ結果の行動が行われる。「教師つき学習＊」では、結果は特定の出力を選ぶことに対応する。規則はいくつかのif-thenルールで成り立っている。一連のif-thenルールで書くことができるモデルは理解しやすいため、規則に従い「知識抽出＊」ができる。

■**OLAP**

「オンライン分析処理＊」参照。

■**Q学習** がくしゅう

「時間差学習＊」に基づく強化学習法＊。状況における行動の適合度を、しばしばQで表される表（または関数）で記録する。

あ

■**一般化** いっぱんか

トレーニング集合で練習したモデルの、トレーニングには見られなかった新たなデータでの成否。機械学習の中核。学校の試験では、教師が授業中に解いて見せた練習問題とは違う問題を出して、それに対する生徒の成績を見る。授業中に教師が解いた問題しか解けない生徒に良い成績はつかない。

■**ウェブスクレイピング**

自動的にウェブサーフィンをしてウェブページから情報を抽出するソフトウェア。

■**埋め込みシステム** うめこみしすてむ

「サイバーフィジカルシステム＊」参照。

■**オートエンコーダーネットワーク**

出力で入力を再構成するように教育された一種の「ニューラルネットワーク＊」。入力よりも中間の隠れユニットのほうが少ないから、ネットワークは隠れユニットのところで短い圧縮表現を学習せざるをえず、それを抽象化のプロセスと解釈できる。

■**オッカムのかみそり**

複雑な説明より単純な説明を選べという哲学的箴言。

■**音声認識** おんせいにんしき

マイクで拾った音響情報から発せられた文を認識すること。

■**オンライン分析処理** ぶんせきしょり

「データウェアハウス＊」から情報を抽出するデータ解析＊ソフト。OLAPは、プロセスについての一部の仮説をユーザーが考え、データが仮説を裏づけているかどうかをOLAPツールを使ってチェックすることから、ユーザー主導型である。一方、機械学習は自動データ解析によってユーザーが前もって考えなかった依存性を発見できるため、データ駆動型である。

か

■**回帰** かいき

所定の事例の数値を予想すること。たとえば、属性がわかっている中古車の価格を予想するのが回帰問題。

■**買い物かご分析** かいものかごぶんせき

買い物かごは（たとえばスーパーマーケットで）いっしょに購入される品物の集合。買い物かご分析は、頻繁に同じかごに入る品目をみつけること。品目間のこの種の依存性は「相関ルール*」で表される。

■顔認識（かおにんしき）

カメラでとらえた顔画像から個人を認識すること。

■逆伝播（ぎゃくでんぱ）

「教師つき学習*」に使われる人工ニューラルネットワーク*用学習アルゴリズム。出力装置での近似誤差を小さくするために、結合荷重を繰り返し修正する。

■強化学習（きょうかがくしゅう）

批評家つき学習ともいう。エージェントが一連の行動をとるが中間的行動中はフィードバックがなく、最後にのみ報酬か罰を受ける。この限られた情報を用いて、エージェントはその後の試行で報酬を最大にする行動をとる学習をする。たとえばチェスでは、一連の手を指して最後に勝敗がわかる。そこで、この結果に導いたのはどんな手だったかを考えて、それに応じて評価する。

■教師つき学習（きょうしつきがくしゅう）

一種の機械学習。モデル*が入力に対して正しい出力を生み出す学習をする。モデルはある入力に対して望ましい出力を出すことができる、教師が用意したデータで学習する。「分類*」と「回帰*」は教師つき学習の例。

■クラウドコンピューティング

コンピューター処理の最近のパラダイム。データと計算を局所的に行うのではなく、遠くのデータセンターで取り扱う。一般的にはデータセンターは多数あって、さまざまなユーザーの仕事がユーザーに見えない形でそれらに分配される。以前はグリッドコンピューティングと呼ばれた。

■クラス

本質的に同じ事例の集合。たとえば「A」と「A′」は同じクラスに属する。機械学習においては、各クラスについてその例の集合から「判別子*」を学ぶ。

■クラスタリング

類似の事例をクラスターにグループ分けすること。これは、クラスターを形成する事例がそれらの類似性に基づいてみつけられるため、教師が明確にラベルづけすることによって事例をクラスに割り当てる「分類*」と違って、「教師なし学習」法である。

■グラフィカルモデル

確率的概念間の依存性を表すモデル*。各ノードは真実度の異なるコンセプトであり、ノード間のつながりは条件つき依存を表す。雨でメガネが濡れるとわかっていれば、ひとつのノードを雨に、ひとつを濡れたメガネに設定して、雨のノードから濡れたメガネのノードに向かうつながりを入れる。このようなネットワークについての確率的推論は、効率的なグラフ理論で行うことができる。ネットワークをこのようにグラフ表示するとわかりやすくなる。別名「ベイジアンネットワーク*」。この種のネットワークで使われる推測の一法則が「ベイズの定理*」であるため。

■決定木（けっていぎ）

決定ノードと葉からなる階層モデル*。決定木の作業は速く、if-thenルール*一式に変換でき、そのため「知識抽出*」を可能にする。

■**検証** けんしょう

トレーニング中は見られなかったデータでトレーニング済みモデル*の「一般化*」を調べること。一般的に機械学習では、データの一部を検証データとしてとっておいて、トレーニング後にそのとっておいたデータで検証する。この検証での精度が、のちに現実生活で使った場合にモデルがどの程度の成績を上げるかの推定量になる。

■**高性能コンピューティング** こうせいのう―

現在直面しているビッグデータ問題に、あまり時間をかけずに対処するためには、保存と処理両面で強力なコンピューターシステムを必要とする。高性能コンピューティングの分野には、この方向に沿った研究が含まれる。ひとつの方法として、「クラウドコンピューティング*」がある。

■**高性能デバイス** こうせいのう―

デジタル表示された感知データをコンピューター処理する装置。携帯型やオンライン式で他の高性能デバイス、コンピューターやクラウドとデータを交換できる。

■**コネクショニズム**

認知科学におけるニューラルネットワーク*法。神経モデル*は並列で稼動する多くの単純な処理装置のネットワークによる作業である。別名「並列分散処理*」。

さ

■**最近傍法** さいきんぼうほう

ある事例を最も似たトレーニング例によって解釈するモデル*。入力が似ていれば出力も似るという最も基本的な仮定を用いる。インスタンス／メモリー／ケースベース手法ともいう。

■**サイバーフィジカルシステム**

現実世界と直接相互作用する計算要素。携帯型のものもある。作業を共同で行うネットワーク構造になっている場合もある。別名「埋め込みシステム」。

■**時間差学習** じかんさがくしゅう

現在の行動の良し悪しを直前の行動に反映させることによって学習する「強化学習*」法。「Q学習*アルゴリズム」はその一例。

■**次元削減** じげんさくげん

入力属性の数を減らす方法。適用においては、入力の一部が情報を持っていない場合もあるし、また一部は違う方法で同じ情報を与えるものに対応しているかもしれない。入力の数を減らせば学習したモデル*の複雑さも低下して教育もしやすくなる。「特徴選択*」と「特徴抽出*」参照。

■**事後分布** じごぶんぷ

データを見た「あとに」未知のパラメーターがとりうる値の分布。ベイズの定理*によって、「事前分布*」とデータを組み合わせて事後分布計算をすることができる。

■**自然言語処理** しぜんげんごしょり

コンピューターで人間の言語を処理する方法。別名コンピューター言語学。

■**事前分布** じぜんぶんぷ

データを見る「前に」未知のパラメーターがとりうる値の分布。たとえば、高校生の体重の平均を予測する前に、45から90キログラムの間になるという事前信念を持つことがある。とくにデータがほとんどない場合、そういう情報が役に立つ。

■**人工知能** じんこうちのう

人間がやるとしたら「知能」が必要だと言われるようなことをするよう、プログラムされたコンピューター。人間中心の曖昧な言葉で、コンピューターを「人工知能」ということは車の運転を「人工走行」というようなものだ。

■**生成モデル** せいせい—

データがどのように生成されたかを表すように設定されたモデル*。そのデータを生み出す隠れた原因と、より高いレベルの隠れた原因が考えられる。滑りやすい道路は事故の原因になりうるし、雨が道路を滑りやすくしたのかもしれない。

■**潜在的意味解析** せんざいてきいみかいせき

観察されたデータの大標本*のなかの依存性を表す、隠れた（潜在的）変数の小集団をみつけることを目的とする学習方法。隠れた変数は、抽象的（たとえば意味論的）コンセプトに相当することがある。たとえば各ニュース記事にはいくつかの「トピック」が含まれていると言える。このトピック情報はデータ中には教師つきの場合のように明確に示されていないが、データから学ぶことができるため、各トピックを特定の語の集まりで定義でき、各ニュース記事を特定のトピックの集まりで定義できる。

■**相関ルール** そうかん—

ふたつ以上のものを「買い物かご分析*」で結びつけるif-thenルール*。たとえば「おむつを買う人はビールも買うことが多い」のように。

た

■**単語の袋** たんごのふくろ

N語の辞書をあらかじめ選んでおいて、各文書を長さNのリストで表す文書表現法。文書に語「i」があれば1、なければ0となる。

■**知識抽出** ちしきちゅうしゅつ

ある種の適用、とくにデータマイニング*においては、モデル*のトレーニング後にモデルが何を学んだか知りたいことがある。これは、その適用の熟練者がモデルを検証*するのに使うことができ、またデータを生成したプロセスを知るのにも役立つ。モデルのなかには理解しがたい「ブラックボックス」状態のものがある。一部のモデル、たとえば線形モデルと決定木*は解釈しやすく、トレーニング後のモデルからの知識抽出を可能にする。

■**ディープラーニング**

生の入力から出力に至るいくつかのレベルでの抽象化によってモデル*を教育するのに使われる方法。たとえば視覚認識では、最低のレベルはピクセルからなる画像である。層を上っていくにつれて、ディープラーニングの学習者はそれらを組み合わせてさまざまな方向の線や端にし、それをさらに組み合わせて長い線、弧、角、結合部をつくり、次に長方形、円などにする。各層の構成単位は、さまざまなレベルの抽象化におけるプリミティブの一つの集合と考えられる。

■データウェアハウス
特定のデータ解析*用に選択され、抽出され、整理されたデータのサブセット。元のデータはきわめて詳細で、いくつかの業務データベースに入っている場合がある。ウェアハウスがそれらを統合して要約する。ウェアハウスは読み取り専用になっており、データの根底にあるプロセスをOLAP*と可視化ツールで、または「データマイニング*」ソフトウェアで高水準に統合するのに使われる。

■データ解析 かいせき
大量のデータから情報を抽出するコンピューター処理法。「データマイニング*」は機械学習を使って比較的データ駆動型であり、「OLAP*」はユーザー主導型である。

■データサイエンス
コンピューター科学および工学で最近提唱された分野で、機械学習、高性能コンピューティング*、データのプライバシー・セキュリティを対象とする。データサイエンスは、現在、さまざまな状況で立ちはだかる「ビッグデータ」問題を体系的に取り扱うよう提唱されている。

■データベース
デジタル表示された情報を効率的に保存および処理するソフトウェア。

■データマイニング
大量のデータから情報を抽出する機械学習および統計的方法。たとえば「買い物かご分析*」では多数の売買を分析することによって「相関ルール*」を発見する。

■特徴選択 とくちょうせんたく
無意味な特徴を捨て、情報を与える特徴だけを残す方法。「次元削減*」の別版。

■特徴抽出 とくちょうちゅうしゅつ
「次元削減*」の一方法。元の入力いくつかを組み合わせて新たに情報量の多い特徴を示すこと。

■匿名化 とくめいか
情報源を一意的に識別できないように情報を削除したり隠したりすること。人が思うほど簡単なことではない。

な

■ニューラルネットワーク
ニューロンという単純な処理装置と、シナプスというニューロン間の接合部位のネットワークからなるモデル*。各シナプスに方向と重みがあって、その重みによって後のニューロンに対する前のニューロンの影響が決まる。

■ノンパラメトリック法 ほう
データの性質について強い仮定をしない統計手法。したがって融通がきくが、十分に制約するためにデータの追加が必要な場合がある。

は

■パーセプトロン
パーセプトロンは層構造になっている一種の「ニューラルネットワーク*」で、各層が前の層のユニットからの通信を受けて、次の層のユニットに出力を送る。

■バイオインフォマティクス
生物学データを解析および処理するための、機械学習を使うものを含む計算法。

■バイオメトリクス
人の生理的特徴（顔、指紋

など）と行動特性（サイン、歩き方など）を使った認識または認証。

■**外れ値検出**　はずれちけんしゅつ
外れ値または例外は、標本*内の他の事例から大きく外れた事例。不正検出などある種の用途では、一般原則に照らして例外である外れ値に関心がある。

■**パターン認識**　―にんしき
パターンはデータの特定の形状で、たとえば「A」は3本の線で構成されている。パターン認識とは、そういうパターンを検出することをいう。

■**パラメトリック法**　―ほう
データについて強い仮定をする統計手法。仮定が正しければ、処理とデータの効率がきわめて高いのが利点だが、仮定が正しいとは限らないというリスクがある。

■**判別子（判別式）**　はんべつし（はんべつしき）
ある事例がある「クラス*」の一要素であって、他のクラスとは異なる条件を決める法則。

■**標本**　ひょうほん
一組の観測データ。統計学では、母集団と標本を区別する。たとえば高校生の肥満の研究をしたいとする。母集団は高校生全員で、全員の体重を見ることはとうていできない。そこで、たとえば千人のランダムなサブセットを選んで体重を見る。この千の値が標本である。この標本を解析して母集団について推測する。標本から計算する値が統計値である。たとえば、標本である千人の体重の平均が統計値で母集団の平均の推定量になる。

■**不良設定問題**　ふりょうせっていもんだい
唯一の解をみつけるにはデータが不十分である問題。モデル*をデータに合わせるのは不良設定問題であり、唯一のモデルを得るために前提を追加する必要がある。そうした前提を学習アルゴリズムの帰納的バイアスという。

■**文書のカテゴリー化**　ぶんしょのかてごりーか
一般に文書中に出現する語（たとえば単語の袋*を使う）に基づくテキスト文書の分類。たとえば新規の文書を政治系、アート系、スポーツ系などに分類することができる。Eメールをスパムか非スパムかに分類することができる。

■**分類**　ぶんるい
所定の事例をいくつかの「クラス*」のひとつに割り当てること。

■**ベイジアンネットワーク**
「グラフィカルモデル*」参照。

■**ベイズ推定**　―すいてい
パラメーター推定法。標本*だけでなく、「事前分布*」によって与えられる未知のパラメーターについての事前情報も使う。これをデータのなかの情報と合わせてベイズの定理*を使って「事後分布*」を計算する。

■**ベイズの定理**　―ていり
確率論の中心定理のひとつ。独立していない、ふたつ以上の確率変数について、一方に条件つき確率を、もう一方にも条件つき確率を書く。

$P(B|A)=P(A|B)P(B)/P(A)$.

これはたとえば、$P(A|B)$が与えられてBがAの原因である場合の診断に使われる。$P(B|A)$を計算することによって診断（つまり

症状*A*が与えられたときの原因*B*の計算）がつく。

■**並列分散処理**（へいれつぶんさんしょり）
作業を並列の小さい作業に分けて、それぞれ別のプロセッサーで処理する手法。プロセッサーの数を増やせば、全体の処理時間を短縮できる。

ま

■**文字認識**（もじにんしき）
印刷した、または手書きの文書を認識すること。光学式認識では、入力は視覚によるものでカメラかスキャナーで感知される。ペン入力認識では、タッチ面に書くが、入力は時系列のペン先の座標になる。

■**モデル**
入力と出力の関係を形式化するテンプレート。その構造は固定しているが、修正可能なパラメーターもある。異なるパラメーターを持つ同じモデルが異なるデータで教育されて、異なる作業で異なる関係を示すことができる。

ら

■**ランキング**
やや回帰*に似ている作業だが、関心があるのは出力の順位が正しいかどうかだけである。たとえば2本の映画「A」と「B」について、ユーザーが「B」より「A」を好んだとすると、得点予想が「B」より「A」のほうが高ければよい。回帰の場合のような得点の絶対値はなく、相対値に限られる。

索　引

■さ

注

第1章

1. 英語のアルファベットと句読法用に考案されたASCIIコードを使う。現在使われている文字エンコード法は各種言語の各種アルファベットをカバーしている。
2. 人口が多いからといって必ずしも労働力が大きいとは限らないように、処理能力、記録容量、または接続性がそれだけで付加価値を生み出すわけではない。発展途上国に膨大な数のスマートフォンがあったとしても、富んでいることにはならない。
3. コンピュータープログラムはタスク用のアルゴリズムと、処理された情報のデジタル表示用のデータ構造でできている。コンピュータープログラミングについては名著（Wirth, N. 1976. *Algorithms＋Data Structures＝Programs*. Upper Saddle River, NJ: Prentice Hall）がある。
4. Marr, D. 1982. *Vision: A Computational Investigation into the Human Representation and Processing of Visual Information*. Cambridge, MA: MIT Press.
5. 物質世界を説明するようなルールの存在は秩序だった宇宙のしるしであり、それは神によるものでしかありえないと昔の科学者は信じていた。自然を観察し、ルールを自然現象に合わせようとすることには、古代メソポタミアに始まった古い歴史がある。昔は、疑似科学を科学から切り離すことができなかった。あとから考えても古代人が占星術を信じていたのは不思議なことではない。太陽と月の動きに規則性とルールがある（それはたとえば蝕を予測するのに使える）なら、人間の動きに規則性とルールがあると考えたとしても（比較対象として小さいようだが）、とっぴな考えとは思えない。

第2章

1. https://en.wikipedia.org/wiki/Depreciation
2. Mitchell, T. 1997. *Machine Learning*. New York: McGraw Hill.
3. 人工知能の優れた歴史については（Nilsson, N. J. 2009. *The Quest for Artificial Intelligence: History of Ideas and Achievements*. Cambridge, UK: Cambridge University Press）参照。
4. Buchanan, B. G., and E. H. Shortliffe. 1984. *Rule-Based Expert Systems: The MYCIN Experiments of the Stanford Heuristic Programming Project*. Reading, MA: Addison Wesley.
5. Zadeh, L. A. 1965. "Fuzzy Sets" Information and Control 8: 338-353.
6. 期待値または期待効用に基づく意思決定が最良の方法とは限らない現実生活の例については（Sandel, M. 2012. *What Money Can't Buy: The Moral Limits of Markets*. New York: Farrar, Straus and Giroux）参照。期待値計算を適用すべきでない領域に適用したもうひとつの例が「パスカルの賭け」。

第3章

1. ここでは、入力が画像である「光学式文字認識」（OCR）の話をしている。タッチパッドで書き込まれる「ペン仕様」の文字認識もある。そういう場合、入力は画像ではなくタッチパッド面に書かれた文字が一連のスタイラスチップの（x, y）座標になる。
2. Koller, D., and N. Friedman. 2009. *Probabilistic Graphical Models*. Cambridge, MA: MIT Press.
3. F をインフルエンザ、N を鼻水とすると、ベイズの定理を使って次の式が書ける。
   $P(F|N) = P(N|F)P(F)/P(N)$
   ここで $P(N|F)$ はインフルエンザにかかっていることがわかっている患者に鼻水の症状がある条件つき確率、$P(F)$ は鼻水症状の有無にかかわらずインフルエンザにかかっている確率、$P(N)$ はインフルエンザにかかっていようといまいと鼻水の症状がある確率である。
4. 多くの SF 映画で、ロボットが視覚、音声認識、自律動作の面では大いに進歩していても、相変わらず感情を表さない「ロボット声」で話すのはおもしろい。
5. Hirschberg, J. and C. D. Manning. 2015. "Advances in Natural Language Processing." *Science* 349: 261-266.
6. Winston, P. H. 1975. "Learning Structural Descriptions from Examples." In *The Psychology of Computer Vision*, ed. P. H. Winston, 157-209. New York: McGraw-Hill.
7. Valiant, L. 1984. "A Theory of the Learnable" *Communications of the ACM* 27: 1134-1142.
8. Liu, T.-Y. 2011. *Learning to Rank for Information Retrieval*. Heidelberg: Springer.
9. ベイズ推定は、長老派教会の牧師だったトーマス・ベイズ（1702～1761）にちなんで名づけられた確率論のベイズの定理（前述）を用いる。先に存在し、観測可能なデータの根底をなす前提は、仕事とともに来たはずである。
10. Orbanz, P. and Y. W. Teh. 2010. "Bayesian Nonparametric Models." In *Encyclopedia of Machine Learning*. New York: Springer.

第4章

1. McCulloch, W., and W. Pitts. 1943. "A Logical Calculus of the Ideas Immanent in Nervous Activity." *Bulletin of Mathematical Biophysics* 5: 115-133.
2. Rosenblatt, F. 1962. *Principles of Neurodynamics*. Washington, DC: Spartan Books.
3. Hebb, D. O. 1949. *The Organization of Behavior*. New York: Wiley & Sons.
4. Minsky, M. L, and S. A. Papert. 1969. *Perceptrons*. Cambridge, MA: MIT Press.
5. Rumelhart, D. E, G. E. Hinton, and R. J. Williams. 1986. "Learning Representations by Back-Propagating Errors." *Nature* 323: 533-536.
6. Feldman, J. A., and D. H. Ballard. 1982. "Connectionist Models and Their Properties." *Cognitive Science* 6: 205-254.
7. Rumelhart, D. E, and J. L. McClelland and the PDP Research Group. 1986. *Parallel Distributed Processing: Explorations in the Microstructure of Cognition*. Cambridge, MA: MIT Press.

8. Hubel, D. H. 1995 *Eye, Brain, and Vision*. 2nd ed. New York: W. H. Freeman. http://hubel.med.harvard.edu/index.html
9. LeCun, Y., B. Boser, J. S. Denker, D. Henderson, R. E. Howard, W. Hubbard, and L. D. Jackel. 1989. "Backpropagation Applied to Handwritten Zip Code Recognition." *Neural Computation* 1: 541-551.
10. Fukushima, K. 1980. "Neocognitron: A Self-Organizing Neural Network Model for a Mechanism of Pattern Recognition Unaffected by Shift in Position." *Biological Cybernetics* 36: 93-202.
11. Schmidhuber, J. 2015. "Deep Learning in Neural Networks: An Overview." *Neural Networks* 61: 85-117.
12. LeCun, Y., Y. Bengio, and G. Hinton. 2015. "Deep Learning." *Nature* 521: 436-444.

第5章

1. Vapnik, V. 1998. *Statistical Learning Theory*. New York: Wiley.
2. Blei, D. 2012. "Probabilistic Topic Models" *Communications of the ACM* 55: 77-84.

第6章

1. Sutton, R. S., and A. G. Barto. 1998. *Reinforcement Learning: An Introduction*. Cambridge, MA: MIT Press.
2. Thrun, S., W. Burgard, and D. Fox. 2005. *Probabilistic Robotics*. Cambridge, MA: MIT Press.
3. Tesauro, G. 1995. "Temporal Difference Learning and TD-Gammon." *Communications of the ACM* 38: 58-68.
4. Ballard, D. H. 1997. *An Introduction to Natural Computation*. Cambridge, MA: MIT Press.
5. Mnih, V., K. Kavukcuoglu, D. Silver, A. Rusu, J. Veness, M. G. Bellemare, A. Graves, et al. 2015. "Human-Level Control through Deep Reinforcement Learning." *Nature* 518: 529-533.
6. Silver, D., A. Huang, C. J. Maddison, A. Guez, L. Sifre, G. van den Driessche, J. Schrittwieser, et al. 2016. "Mastering the Game of Go with Deep Neural Networks and Tree Search." *Nature* 529: 484-489.

第7章

1. Jordan, M. I., and T. M. Mitchell. 2015. "Machine Learning: Trends, Perspectives, and Prospects." *Science* 349: 255-260.
2. 光速はおよそ毎秒30万キロメートルだから、千キロメートル（データセンターまでの距離）移動するのに約3.33ミリ秒かかる。実際の電子機器ではこれほど小さくはない。直接接続されるわけではなく、中間のルーティング装置による遅延が必ずある。また、返事をもらうにはまず質問を送る必要があるから、2倍の時間がかかることを忘れてはならない。

3. Han, J., and M. Kamber. 2011. *Data Mining: Concepts and Techniques*. 3rd ed. San Francisco, CA: Morgan Kaufmann.
4. Börner, K. 2015. *Atlas of Knowledge: Anyone Can Map*. Cambridge, MA: MIT Press.
5. Horvitz, E., and D. Mulligan. 2015. "Data, Privacy, and the Greater Good." *Science* 349: 253–255.
6. Sweeney, L. 2002. "K-Anonymity: A Model for Protecting Privacy." *International Journal of Uncertainty, Fuzziness and Knowledge-Based Systems* 10: 557-570.
7. 詳しくは《Frontiers in Massive Data Analysis》(Washington, DC: National Academies Press, 2013）参照。
8. Bakshy, E., S. Messing, and L. A. Adamic. 2015. "Exposure to Ideologically Diverse News and Opinion on Facebook." *Science* 348: 1130-1132.
9. Russell, S., and P. Norvig. 2009. *Artificial Intelligence: A Modern Approach*. 3rd ed. Upper Saddle River, NJ: Prentice Hall.
10. Bohannon, J. 2015. "Fears of an AI Pioneer." *Science* 349: 252.

関連文献

Duda, R. O., P. E. Hart, and D. G. Stork. 2001. *Pattern Classification*. 2nd ed. New York: Wiley.
Feldman, J. A. 2006. *From Molecule to Metaphor: A Neural Theory of Language*. Cambridge, MA: MIT Press.
Hastie, T., R. Tibshirani, and J. Friedman. 2011. *The Elements of Statistical Learning: Data Mining, Inference, and Prediction*. New York: Springer.
Kohonen, T. 1995. *Self-Organizing Maps*. Berlin: Springer.
Manning, C. D., and H. Schutze. 1999. *Foundations of Statistical Natural Language Processing*. Cambridge, MA: MIT Press.
Murphy, K. 2012. *Machine Learning: A Probabilistic Perspective*. Cambridge, MA: MIT Press.
Pearl, J. 2000. *Causality: Models, Reasoning, and Inference*. Cambridge, UK: Cambridge University Press.
Witten, I. H., and E. Frank. 2005. *Data Mining: Practical Machine Learning Tools and Techniques*. 2nd ed. San Francisco, CA: Morgan Kaufmann.

著者■エテム・アルペイディン(Ethem Alpaydin)
トルコ・ボアズィチ大学コンピューター工学教授。広く使われている教科書"Introduction to Machine Learning, 3rd ed."(MIT Press)の著者でもある。

訳者■久村典子(ひさむら・のりこ)
翻訳家。東京教育大学文学部英文科卒業。主な訳書に、『百万人の数学(上・下)』(日本評論社)、『現代科学史大百科事典』(朝倉書店)、『チーズの歴史』(ブルース・インターアクションズ)、『毒性元素——謎の死を追う』(共訳、丸善出版)などがある。

MITエッセンシャル・ナレッジ・シリーズ
機械学習(きかいがくしゅう)
新たな人工知能(あらたなじんこうちのう)

発行日　2017年9月15日　第1版第1刷発行

著　者　エテム・アルペイディン
訳　者　久村典子
発行者　串崎　浩
発行所　株式会社日本評論社
〒170-8474 東京都豊島区南大塚3-12-4
電話(03) 3987-8621 [販売]
(03) 3987-8599 [編集]

印　刷　精文堂印刷
製　本　難波製本
本文デザイン　Malpu Design(佐野佳子)
装　幀　Malpu Design(清水良洋)

ISBN978-4-535-78821-3